그동안 몰랐던
별의별 우주 이야기

한번 읽고 우주 지식 자랑하기

김정욱 지음

(주)광문각출판미디어
www.kwangmoonkag.co.kr

들어가며

마지막 남은 블루오션 우주. 미국과 러시아, 중국, 인도 등은 일찌감치 우주의 가치에 눈을 뜨고 그 공간을 개척하고 있다. 우리나라도 이제 본격적으로 우주 개발에 뛰어들고 있다. 미지의 우주, 그 광활하고 거대한 세계에 대한 이야기를 어린이부터 성인까지 누구나 쉽게 이해할 수 있도록 재미있게 풀어내기 위해 노력했다.

이 책은 우주에 관심이 있는 일반인들을 위한 것이다. 천문학을 공부하는 학생들이나 천문학자, 우주과학자들은 이 책을 읽지 않아도 된다. 그들이 아는 우주에 관한 지식은 이 책보다 더 넓고 깊을 테니 말이다.

필자는 이 책을 쓰면서 고민했던 게 쉽게 풀어 가는 것이었다. 어린이부터 성인까지 우주에 관심 있는 사람들이 어려워하지 않게 우주를 흥미롭고 재미있게 설명하는 데 초점을 맞췄다. 필자가 그동안 기자 생활을 하면서 과학에 대한 기사도 많이 썼다. 기사를 쓸 때는 특정한 독자층에 맞추는 게 아닌 누구나 쉽게 읽고 이해할 수 있도록 쉬운 문장과 쉬운 용어를 썼다. 이 책에도 그러한 노력들이 담겨 있다고 할 수 있다.

우리가 사는 이 지구는 우주에 속해 있다. 우주는 우리의 생활이라고 할 수 있다. 이 때문에 우리는 우주를 이해하고 더 알아가야 한다. 우주는 우리의 상상 이상으로 광활하기에 아직 우리 인류가 알아낸 우주는 극히 일부분이다. 이는 앞으로 우주에 대해 연구하고 탐구해야 할 게 무궁무진하다는 것이다. 이는 우주를 알아가고 있는 우리가 많은 것을 기대할 수 있다는 것이어서 무척 흥미진진한 일이다.

이 책을 읽는 독자들이 우주에 대한 궁금증을 한 가지라도 풀었다면 책을 낸 목표는 이룬 셈이다. 끝으로 이 책이 나오기까지 도움을 주신 박희민 그래픽디자이너님, 미국 항공우주국(나사), 일본 우주항공연구개발기구(작사), 유럽우주국(ESA), 한국천문연구원, 한국항공우주연구원, 광문각출판사 박정태 회장님께 감사의 말씀을 드린다.

목차

제8부 인류의 기원과 우주에서 지구 문명의 수준은?

· ·

제1부

우주의 시작, 그리고 이곳을 탐구하기 위한
인류의 지식 '천문학'

무한한 우주 시작은 137억 년 전 먼지보다도 작은 점

우리가 살고 있는 지구. 이 행성은 거대한 우주 공간 속 그야말로 먼지보다 작은 티끌만 한 존재다. 우주란 행성, 은하계뿐 아니라 시간과 공간을 아우르는 전체적인 의미를 갖는다.

그렇다면 이 우주는 어떻게 생겨났을까? 우리가 사는 이 세상, 그리고 이것이 속한 우주에 대한 궁금증은 너무 많고, 그 기원에 대해서는 많은 과학자가 연구를 거듭하고 있다.

물리적인 모든 현상과 사물은 시작과 끝이 있듯이 우주 역시 시작이 있었다. 대부분의 과학자는 우주의 역사를 대략 137억 년 정도로 본다. 일부 과학자들은 138억 년이라고 하는데, 어찌 됐든 과학자들이 내린 우주의 나이에 대한 결론은 137억~138억 년이다. 이 책에서는 137억 년으로 이야기하기로 한다.

우주의 시작은 137억 년 전으로 거슬러 올라간다. 당시는 그야말로 무(無)의 상태였다. 시간도 공간도 없이 아무것도 존재하지 않았던 것이다. 그러던 중 갑자기 '대폭발'이 일어나게 된다. 먼지보다도 작은 점으로 시작한 이 대폭발이 바로 많이 들어본 '빅뱅'이다. 이 빅뱅 이론은 우주가 한 점에서 시작해 계속 팽창하면서 현재에 이르렀다는 것이다.

빅뱅의 상상도/사진 출처=나사

과학자들은 빅뱅이 시작된 시점을 '태초'라고 말한다. 이 태초를 바탕으로 과학자들은 어떻게 우주가 진화해 왔고, 또 앞으로 어떻게 바뀔지 예측하고 있다. 현재 천문학자들을 비롯한 많은 과학자가 풀고 싶어 하는 미스터리 가운데 하나가 빅뱅 이전이다. 아직은 태초 이전, 즉 빅뱅 이전은 어떠했는지 설명하지 못하고 있다. 결국 과학자들은 빅뱅 이전의 우주에 대해서는 알 수 없다는 잠정적인 결론을 내렸다. 그 이유에 대해 금세기 최고의 물리학자로 꼽히는 고(故) 스티븐 호킹 박사는 '무경계 우주론'을 통해 이를 설명했다.

호킹 박사는 "빅뱅이 발생하기 전을 묻는다는 것은 지구 북극에서 북쪽으로 1km 가면 어디냐고 묻는 것과 같다. 지구 북극에 도달하면 더 이상 북쪽으로 갈 수 없는 끝의 지점이다"라면서 "빅뱅도 마찬가지로 공간의 시작이면서 시간의 시작인데 태초로 거슬러 올라가면 태초 이전에 공간과 시간은 존재하지 않으며 미래만 존재할 뿐이다"라고 빅뱅 이전을 해석했다.

빅뱅 이론이 나온 지는 100년 전쯤이다.
1927년 벨기에의 천문학자 조르주 르메트르는 '팽창 우주론'을 제시했고, 여기에서 빅뱅 이론이 나왔다. 그가 처음 이런 이론을 주장할 당시 빅뱅은 마치 기독교의 구약성경 창세기에 나오는 신의 천지창조 부분에서 "하나님(하느님)이 빛이 있으라 하매 빛이 생겨났다"는 구절을 연상케 해 과학계에서는 무시당했다.

조르주 르메트르
/사진 출처=구글

특히 르메르트는 천문학자이기도 했지만 천주교 사제였던 까닭에 과학계는 종교적 편견을 가질 수밖에 없었고, 이런 그의 이론은 증명할 수 없는 과학계 밖의 영역으로만 취급됐다.

그렇다면 우주가 빅뱅으로 탄생했다는 증거는 무엇이고, 왜 이 이론이 정설로 자리 잡게 됐을까?

애초 빅뱅 이론은 우주의 탄생설 중 하나인 막연한 이론에 불과했다. 그런데 이 빅뱅 이론을 증명하고 정설로 자리 잡게 하는 데 큰 영향을 준 사람이 있다. 바로 미국의 천문학자 '에드윈 허블'이다. 우리가 잘 아는 미국 항공우주국(NASA·나사)의 '허블우주망원경'도 이 천문학자의 이름을 딴 것이다.

1929년 허블은 밤하늘의 별들을 관찰하다 별들이 서로 멀어지고 있다는 사실을 발견했다. 그가 관찰한 우주의 모든 것이 지구로부터 조금씩 멀어지고 있었다. 당시 과학자들은 우주는 움직이지 않는다고 생각했지만 우주는 팽창하고 있었던 것이었다. 다시 말해 우주는 계속 커지는 중이었다. 예를 들어 풍선에 점들을 찍어 놓고 크게 불어 풍선을 부풀리면 점들 사이가 멀어지는 것과 같은 이치다.

지구와 별들이 멀어지고 또 별과 별 사이도 멀어지는 현상을 관측한 허블은 우주가 팽창하고 있음을 알았고, 르메르트의 이론을 시간상 거꾸로 돌려보면 우주는 압축돼 한 점에서 시작했다는 가설이 맞아떨어지게 된다.

빅뱅의 증거는 또 있다. 바로 우주 대부분을 차지하는 원소인 수소와 헬륨에서 그 답을 얻을 수 있다. 태양을 비롯한 우주의 항성들은 수소를 연소해서 헬륨을 만들어 내고 있으며, 태양의 경우 1초당 7억 톤의 수소를 헬륨으로 전환한다. 이런 수치는 우리 기준에서는 엄청난 양이지만 우주적인 관점에서는 매우 미미한 수준에 불과하다.

미국의 조지 가머프는 1948년 제자 랠프 앨퍼와 함께 "우주의 수소와 헬륨은 태양이 탄생하기 전에도 있었을 것이며, 엄청난 에너지를 만들었을 것"이라는 가설을 세웠다. 이런 생각을 바탕으로 가머프와 앨퍼는 빅뱅 초기의 수소와 헬륨의 생성 비율이 9대1이라는 계산을 해냈다. 현재 우주에서 수소와 헬륨 비율을 관측하면 역시 9대1이라는 값이 나온다. 가머프와 앨퍼는 이런 결과를 '빅뱅 이론'이라고 정리했다.

137억 년 전 시작된 빅뱅 이후 우주는 현재도 팽창하고 있다. 우주가 커지는 속도는 우리의 상상을 초월할 정도로 매우 빠르다. 지구를 비롯한 우주에서 존재하는 물질 가운데 가장 빠른 게 빛과 전기, 전파다. 이 세 물질의 속도는 동일하며, 잘 알려진 바와 같이 빛은 1초에 지구를 7바퀴 반(30만km)을 돌 수 있는 속도를 지녔다. 빛이 1년 동안 가는 거리를 1광년이라고 하고, 이 거리를 수치로 하면 9조 4,607억 3,047만 2,581.8km에 달한다.

현재 우주는 빛의 속도보다 더 빨리 팽창하고 있다. 가장 빠른 '물질'이 빛과 전기, 전파라고 하면 이보다 빠른 것은 우주의 팽창

'속도'인 것이다. 이 때문에 우주가 빅뱅으로 탄생한 지는 137억
년 지났지만, 우주의 크기는 이보다 훨씬 크다. 현재 인류가 알아
낸 우주의 크기는 920광년에 이르며, 과학자들은 실제 우주의 크
기는 이보다 더 크다고 보고 있다. 이런 이유에서 우주를 '끝이 없
다' 또는 '무한하다'라고도 표현하는데, 그렇다면 정말 우주는 끝
이 없을까?

우주는 얼마나 크고, 과연 끝은 있을까?

우주에 대해 조금이라도 관심이 있는 사람이라면 우주의 크기
가 어느 정도인지 궁금증을 가져 봤을 것이다. "과연 우주의 크기
는 어느 정도이며, 우주는 끝이 있을까? 없을까?", "우주의 끝이
있다면 과연 어디이고, 끝에는 뭐가 있을까?, 우리가 우주 끝까지
가볼 수 있을까?" 이 같은 궁금증은 우주에 대한 공상과 상상을
할 때 자연스럽게 드는 생각이다.

이런 궁금증과 관련해 우주의 끝을 가보거나 관측할 수 있는 기
술은 안타깝게도 현재로서는 존재하지 않는다. 앞으로 과학기술
은 계속 발달하겠지만 아무리 과학기술이 진보한다고 해도 현재
의 예측으로는 우주의 끝을 가보거나 관측할 수 없다.

그 이유는 빅뱅에서부터 찾아볼 수 있다. 빅뱅 직후 우주의 팽
창 속도는 우리의 상상을 초월할 만큼 빨랐고 현재도 우주는 팽창
하고 있다. 빛의 속도보다 더 빠른 게 우주의 팽창 속도다. 그런데

아인슈타인의 상대성 이론에 따르면 빛보다 빠른 물질은 없는데 어떻게 우주의 팽창 속도가 빛의 속도보다 빠를 수 있다는 걸까?

아인슈타인의 상대성 이론이 틀린 것일까? 아니면 빅뱅 이론이 틀린 것일까? 이런 의문도 들 것인데 이에 대한 해답은 간단하다. 팽창하는 우주는 물질이 아니라 공간이기 때문이다. 공간의 팽창 속도가 빛보다 빠르다는 것은 상대성 이론에 어긋나지 않는다.

놀라운 점은 우주의 팽창 속도는 시간이 지날수록 빨라지고 있다는 것이다. 우주가 팽창할수록 지구와 별들 또 별과 별 사이는 멀어져 천문학자들은 앞으로 1,500년 정도 지나면 밤하늘에서 우리가 볼 수 있는 별들이 지금보다 훨씬 줄어들게 될 것으로 예상한다.

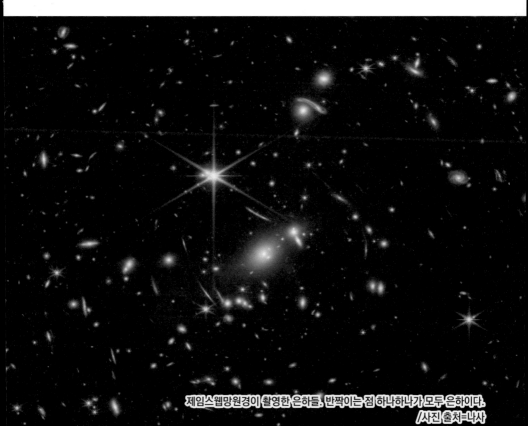

제임스웹망원경이 촬영한 은하들. 반짝이는 점 하나하나가 모두 은하이다.
/사진 출처=나사

우주의 팽창 속도는 이처럼 너무 빨라 아무리 과학이 발달해 빛의 속도로 날 수 있는 우주선이 개발돼도 우주가 팽창하는 부분, 즉 우주의 끝에는 도달할 수는 없다. 빛보다 빠른 물질(물체)은 없다는 게 우주의 물리 법칙이고, 우주 공간은 빛보다 빠른 속도로 커지고 있기 때문이다.

이에 천문학자들은 우주의 끝에 대한 정확한 정의를 내리지 못하고 있지만, 이를 '관측 가능한 우주'로 설명한다. 현재 인류가 알아낸 우주는 반지름이 460억 광년이므로 우주의 크기를 920억 광년 정도라고 보고 있다. 물론 이 920광년이라는 크기는 잠정적인 것이고, 현재 관측과 계산을 종합하면 우주는 이보다 더 크다는 게 과학자들의 중론이다.

그렇다면 관측 가능한 우주의 끝에는 뭐가 있을까? 천문학자들과 물리학자들은 관측 가능한 우주 밖은 어떤지, 뭐가 있을지 연구하고 있지만 이는 인류가 절대 알아낼 수 없는 영역으로 상상에 맡길 수밖에 없다고 보고 있다.

이에 과학자들은 "관측 가능한 우주가 바로 우주의 끝이다", "관측 가능한 우주보다 우주는 더 넓게 뻗어 있을 것이다" 등으로고 추론하고 있지만 정답은 없다. 이 부분은 인류가 절대 알아낼 수 없는 영역이지만, 그 대신 재미있고 흥미로운 추론과 상상, 이론을 펼쳐낼 수 있게 한다.

그래서 현재 과학자들이 우주의 크기와 끝에 대한 결론은 잠정적으로 이렇게 내렸다. "우주는 끝이 있으면서도 끝이 없다"라고.
우주가 팽창하는 부분이 우주의 끝이고 또 그 팽창은 계속 되고
있으니 우주의 끝은 없는 셈이라는 과학자들의 의견에 무게가 더
실려 있다.

천문학은 어떻게 발전해 왔나?

지구는 우주적 관점에서는 보면 거의 티끌에 가까운 행성이다.
그리고 우리는 지구에 살고 있다. 우리 인류는 이 작은 행성에 살
고 있고, 지금까지 가장 멀리 가 본 곳이 달이다. 그런데 우리는
수천만 광년 떨어진 곳의 별과 행성을 찾아내고 생명체가 있을 법
한 천체를 연구한다. 이 작은 지구에서 드넓은 우주를 알아가고
있는 것은 천문학 덕분이다.

/그래픽 출처=픽사베이

천문학은 별과 행성, 위성, 은하, 은하단 등 천체를 관측하고 그 천체의 특성과 진화를 연구하는 학문이다. 인류가 발전시킨 학문들 가운데서도 매우 오래됐다. 천문학은 관측천문학과 이론천문학으로 크게 두 부분으로 나뉜다.

　우리 인류는 오래전부터 밤하늘을 동경해 왔기 때문에 고대부터 천문학이 시작됐다. 우주에 관한 인간의 근원적 호기심으로 발전해 온 게 바로 천문학이다. 고대의 천문학은 지구가 우주의 중심이라는 '지구 중심 우주관'이 지배적이었다. 이때의 천문학은 종교·철학적 요소가 강했다.

　망원경이라는 게 없었던 고대에는 맨눈으로 하늘을 관측해야만 했다. 당시 천문학자들은 대부분이 점성술사였는데, 이들은 수학을 이용해 태양과 달, 행성의 움직임을 계산했다. 특히 달력을 만드는 데는 천문학적 지식이 필수였기 때문에 달력과 천문학은 고대부터 상관관계가 깊었다.

　고대인들은 하늘에는 신이 살고 있다고 믿었는데, 이 신들이 별과 행성들을 움직임을 주관한다고 생각했다. 이에 천체의 움직임을 분석하고 예측하면 신의 뜻을 알아낼 수 있고 또 미래도 예측할 수 있다고 생각했다. 결국 고대의 천문학은 미래를 예측하기 위한 것이었다고 볼 수 있다.

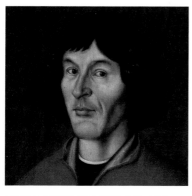
니콜라스 코페르니쿠스/사진 출처=구글

지구 중심적이었던 천문학은 16세기 니콜라스 코페르니쿠스가 '태양중심설'을 내세우면서 큰 변화를 맞는다. 그리고 17세기에 갈릴레오 갈릴레이가 망원경으로 금성의 변화를 관측하고, 티코 브라헤가 행성의 움직임을 측정하면서 급속도로 천문학이 발전했다. 또 요하네스 케플러는 브라헤의 관측 자료를 이용해 행성들의 궤도 운동 법칙을 발견하면서 태양중심설이 주류로 떠올랐다.

20세기에 들어서는 상대성 이론과 전자기학, 양자물리학, 통계물리학, 유체역학 등이 발전하면서 천문학의 수준도 높아졌다. 이와 같은 현대물리학의 이론적 틀이 갖춰지면서 별의 물리량, 구조, 진화 등에 대한 이론도 나올 수 있게 됐다.

특히 20세기 들어 컴퓨터의 개발은 천문학을 한 단계 더 끌어올렸다. 컴퓨터에 의해 수치물리학이 천문학의 주요 분야로 자리잡았다. 아울러 대형 지상망원경, 허블망원경과 같은 우주망원경의 개발은 우주에 대한 인류의 시야를 넓혔다.

21세기의 천문학은 다양하고 복잡하게 발전하고 있다. 과거 이론으로만 존재했던 블랙홀의 실체에 대한 연구도 활발히 진행 중에 있으며, 또 우주의 암흑 물질과 암흑 에너지도 중요 연구 대상이다. 그리고 천문학자뿐 아니라 일반인들에게도 큰 관심사인 외계 생명체 찾기도 활발히 진행 중이다. 고대부터 현대까지 이어진 우주를 향한 탐구 정신이 우리에게 어떤 지식과 발견을 가져다 줄지 기대된다.

천문학자는 밤에 일하고 낮에 잘까?

우주를 연구하고 탐구하는 천문학자들. 이 광활한 우주에 대해 조금이라도 관심이 있는 사람이라면 천문학자에 대해서도 궁금한 게 많을 것이다. 또 어린 시절 별을 보면서 천문학자의 꿈을 가져 봤던 이들도 있을 것이다. 그래서 한국천문연구원에서 근무하는 천문학자 전영범 책임연구원을 만나 우주와 천문학, 그리고 천문학자에 대한 이야기를 들어봤다. (▲ 질문 / = 답)

한국천문연구원의 전영범 책임연구원/사진 출처=한국천문연구원

▲ 전영범 연구원님에 대한 간단한 소개를 부탁드립니다.

= 현재 저는 경북 영천에 있는 '보현산천문대'에서 근무 중이고 주로 밝기가 변하는 변광성을 찾고 그 특성을 연구하고 있습니다. 변광성은 밝기 변화의 원인에 따라 식 변광성, 맥동 변광성, 폭발 변광성 등으로 구분합니다.

식 변광성은 두 별이 쌍성 형태로 존재할 때 서로에게 영향을 주기 때문에 광도가 변하는 별이고, 맥동 변광성은 별의 내부에서 팽창과 수축을 되풀이하기 때문에 그 광도가 변하는 변광성을 말합니다.

폭발 변광성은 별이 폭발함에 따라 광도가 급격히 변화하는 변광성인데 여기에서는 또 '신성'과 '초신성'으로 구분합니다.

▲ 한국천문연구원은 어떤 곳인가요?

= 우리나라의 천문학 연구를 대표하는 곳입니다. 본래 국립천문대에서 시작해 정부출연연구소가 되면서 우리나라엔 국립천문대가 없어졌습니다. 대신 한국천문연구원이 그 역할을 하고 있습니다.

한국천문연구원 로고

▲ 천문학이란 어떤 학문이라고 할 수 있나요?

= 천문학은 우주를 이해하는 학문입니다. 우리가 가진 근원적 의문이죠. 우주가 어떻게 만들어졌고, 현재 어떠하며 앞으로 어떻게 변할지 연구하는 게 천문학입니다. 그 과정에 우주를 이해하고, 우주에 우리와 다른 생명체가 있는지도 알아가고 있습니다.

천문학은 실험을 하는 게 무척 어렵습니다. 별을 만들어 본다는 건 불가능하기 때문이죠. 하지만 천체망원경으로 우주를 관측해 그동안 우주가 수행한 실험의 결과를 찾고 있습니다. 새로운 천문 현상을 찾아서 우주를 알아 가는 게 천문학의 본질이라고 말할 수 있습니다.

▲ 우리가 우주에 대한 지식은 많이 접하면서 실제 주변에서 천문학자를 보기는 힘듭니다. 국내에서 활동하는 천문학자의 수는 어느 정도인가요?

= 2023년 가을 천문학 학회 참석자가 420여 명이었다고 합니다. 전체 회원 수는 1,500명이 넘을 겁니다. 여기엔 대학원생이나 대학생도 포함됩니다. 한국천문연구원의 연구원 수만 포함하면 약 170여 명 정도로 생각되는데, 우리나라 천문학자가 그 2배 정도로 보면 경제 규모 면에서 아직 부족한 실정입니다.

▲ 천문학자들은 정말 낮에 자고 밤에 일하나요? 아니면 업무 분야마다 다른가요?

= 천문학자 대부분은 일반 직장인들처럼 정상적인 근무를 합니다. 낮밤이 바뀌는 건 관측을 할 때인데요, 관측 시간을 얻는 것도 경쟁이어서 연간으로 치면 열흘 정도 밤을 새우는 정도입니다. 천문학자들의 생활 패턴도 일반인들과 크게 다르지 않습니다.

▲ 천문학자들의 수익은 어떤가요? 이 부분을 사람들이 많이 궁금해합니다.

= 다른 학문 연구소에 비해 많지 않지만 생활고를 걱정할 정도는 아닙니다. 천문학자들은 소속된 기관에서 받는 급여 외에도 강연이나 방송에도 출연하고 책도 내고 하는 등 여러 가지 활동을 합니다. 그런데 좀 더 안정적으로 연구에 몰두할 수 있는 여건이면 더 좋겠죠.

▲ 천문학자들이 '우주를 연구하다 우주 속 모래알보다 작은 지구, 그리고 자신의 모습에 허탈감을 느낀다'는 말을 들어봤을 겁니다. 실제로 그런가요?

= 전혀 그렇지 않습니다. 우리 지구가 전 우주적 관점에서는 티끌보다 작을 수 있겠지만, 그 지구에서 살아가는 우리 개개인은 모두 소중한 존재입니다. 천문학자들이 자신의 모습에 허탈감을 느낀다는 것은 전혀 사실이 아닙니다. 우리 인간 그리고 천문학자를 포함한 개개인들은 모래알 하나하나 같은 존재라 더욱 소중하다고 생각합니다.

▲ 천문학을 공부하면서 보람된 점은 어떤 게 있습니까?

= 이런 질문에 참 답하기 어려운데요, 천문학을 공부하고 성과를 내는 과정과 결과 모두가 보람됩니다. 연구 논문이 게재 승인받았을 때, 개기일식 관측을 가서 이글거리는 홍염을 직접 봤을 때, 새로운 별과 행성 등을 찾아냈을 때 등등 지내고 보니 모두가 소중한 기억입니다.

▲ 사람들이 우주 관련해 많이 궁금해 하는 게 '외계 생명체'입니다. 이에 미국 항공우주국(나사) 등 우주 관련 전문 기관들에서도 외계 생명체를 열심히 찾고 있습니다. 외계 생명체 존재 여부에 대해 천

문학자들의 견해는 대체로 어떤가요?

= "외계 생명체는 없다"라고 이야기하는 천문학자는 없을 겁니다. 이제는 별 주변에 행성이 존재하는 건 당연하게 받아들입니다. 더군다나 태양계처럼 여러 개가 존재하죠. 아직 지구와 100% 일치하는 행성은 발견하지 못했지만 수학적인 계산(확률)으로만 봐도 별보다 많은 행성 속에 지구와 같은 행성이 없을 수는 없죠. 그중에서 외계 생명체가 확률적으로 얼마든지 존재할 수 있습니다.

하지만 우리가 그 외계 생명체를 만날 수 있는가는 전혀 다른 문제입니다. 우리 태양계에서 가장 가까운 별(이웃 태양계)까지 가는 데 현재의 기술로 수만 년 걸리고, 빛의 속도로 가도 4년 3개월이 걸리니 외계 생명체를 만난다는 건 매우 어려운 일입니다."

▲ 현재 우리나라의 천문학과 우주과학 수준은 어느 정도인가요?

= 우리나라의 경제 규모에 걸맞게 우리도 세계적 수준입니다. 세계 최고의 관측 장비와 관측 데이터를 모두 다루고 연구하고 있습니다. 천문학 분야는 국가 간 장벽이 거의 없기 때문에 연구자가 어려움 없이 최고의 데이터와 장비를 접할 수 있습니다.

따라서 세계적 수준과 비교하는 자체가 별 의미 없습니다. 천문학과 우주과학 분야는 다르다고 볼 수 있는데, 우주과학 분야는 제가 이야기할 수 있을 만큼 아는 게 별로 없습니다.

▲ 오랜 옛날 우리나라도 천문학에 대한 수준이 높았다고 하던데요.

= 국보로 지정돼 있는 천문도인 '천상열차분야지도' 하나만 봐도 세계 최고의 기록물입니다. 자체적으로 역을 관리했고, 시간을 관리했으니 그것만으로도 세계적인 수준입니다. 우리나라는 조선 시대뿐만 아니

라 삼국 시대부터 천문학이 발달했습니다. 천문학은 농업과도 관련이 깊은데 과거 우리나라는 농업사회였기 때문에 천문학도 같이 발달한 게 아닌가 싶습니다. 물론 그 이면에는 밤하늘을 궁금해했던 우리 조상들의 지적 탐구 정신도 천문학 발달에 한몫을 했다고 봅니다.

천상열차분야지도/사진 출처=문화재청

▲ 우리나라가 우주과학과 천문학을 발전시키려면 어떤 노력이 있어야 할까요?

= 과학자라고 하면 좀 고리타분하고, 어쩌면 세상 물정을 모르는 사람으로 치부하곤 합니다. 연구자, 과학자, 교육자들이 세상 물정 모르고 고리타분하기만 하면 사회는 발전할 수 없습니다. 이들은 가장 앞서서 세상의 변화를 이끌어야 합니다.

과학에 대한 지원은 미래를 위한 투자입니다. 10년, 20년, 30년의 투자가 블랙홀도 촬영하고 중력파도 찾아냈으며, 외계 행성도 발견했습니다. 이들은 모두 노벨상을 수상하는 큰 업적이었습니다.

이제는 외계 생명체의 존재에 다가가고 있습니다. 이런 결과로 우주의 기원과 미래를 더 잘 이해하게 됐습니다. 우주를 연구하는 데 있어 그 비용을 무시할 수는 없습니다. 갑자기 줄어드는 연구비는 미래의 꿈을 꺾는 것입니다. 그로 인해 인류의 미래를 꿈꾸는 과학자의 순수한 연구 기회가 줄어들지 않았으면 합니다.

▲ 천문학자를 꿈꾸는 어린 학생들도 많습니다. 이들에게 조언을 해주신다면.

= 천문학은 그 자체로 재미있습니다. 우리나라는 이미 8m급 광학망원경과 세계 최고의 알마(ALMA) 전파망원경 등의 운영에도 참여하고 있습니다. 미래에는 25m 망원경의 주인이 되고, 더 큰 30m, 39m 등의 망원경이 기다리고 있습니다.

허블우주망원경, 제임스웹우주망원경 등 천문학 분야는 굉장한 도약을 이루었고, 더 큰 도약의 시기를 준비하고 있습니다. 충분히 도전해 볼 영역이므로 많은 관심을 기대합니다.

· ·

제2부

아직도 베일에 가려져 있는 태양계

우리은하의 변방 태양… 우리에겐 생명의 근원

우리의 지구가 속해 있는 태양계의 중심이자 이곳에서 가장 큰 천체인 태양은 지구 생명체의 근원이다. 태양은 대부분 나라의 신화에 등장할 만큼 인류사의 중심에 있었고 일부 국가에서는 신으로 추앙하기도 했다.

태양계에서 별은 태양이 유일하다. '별'이란 스스로 빛과 열을 내는 천체를 말하며 '항성'이라고도 한다.

일부 드라마나 영화, 만화 등에서 지구를 '지구별'이라고 칭하는 것은 엄밀히 따지면 잘못된 표현인 것이다. 항성(별)의 주위를 도는 전체를 '행성'이라고 하고 그 행성 주위를 도는 천체를 '위성'이라고 한다. 항성과 행성, 위성을 모두 총칭하는 말이 '천체'이다. 따라서 현재 발견된 태양계의 행성은 수성, 금성, 지구, 화성, 목성, 토성, 천왕성, 해왕성 등 8개다.

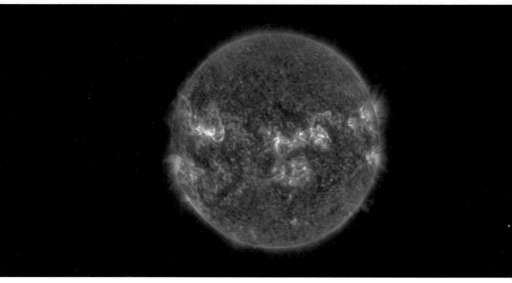

뜨겁게 타오르는 태양의 모습/사진 출처=나사

천문학자들의 관측 결과와 계산에 따르면 현재 우리은하에는 우리 태양계의 태양과 같은 별이 2,000~4,000억 개쯤 있다. 과학자들마다 우리은하 별들의 개수 계산은 약간씩은 다르지만 몇 천억 개의 별들이 있다는 계산은 동일하다. 우리 태양계의 태양은 이런 별들 가운데 하나에 불과하다.

태양의 지름은 약 139만 2,000km로 지구보다 109배 크고, 질량은 지구보다 33만 배 무겁다. 지구와 태양 간 거리를 '1AU'라고 하고 거리 수치로는 1억 4,960km에 이른다. 빛의 속도로 지구에서 태양까지 가는 데는 8분 20초가 걸린다. 따라서 지금 우리가 보는 태양은 8분 20초 전의 모습인 것이다.

거대한 기체로 구성돼 있는 태양은 가스 천체이다. 내부 중심의 온도는 1,500만도, 표면 온도는 5,700~6,000도로 우리의 상상 이상으로 뜨겁다.

태양은 우리은하의 변두리에 위치해 있다. 우리은하의 크기는 직경이 10만 광년이고, 태양은 우리은하 중심에서 약 2만 4,000~2만 6,000광년 떨어져 있다.

지구를 비롯한 태양계 행성이 태양을 중심으로 공전한다는 것은 모두 아는 사실이다. 그런데 태양도 공전을 한다는 것을 알고 있나?

태양은 북쪽 기준 시계 방향으로 우리은하 중심으로 공전하는데 1회 공전 주기는 2억 5,000만 년이다. 따라서 46억 년 전쯤 생겨난 태양은 탄생 후 지금까지 우리은하 중심을 18번 정도를 공전했다. 태양은 이렇게 은하를 중심으로 여행을 하고 또 지구를 포함한 태양계 행성과 위성은 태양을 따라 함께 은하계 중심을 돌고 있는 것이다.

모든 천체는 수명이 있어 종말을 맞게 된다. 태양도 예외 없이 언젠가는 수명을 다하게 된다.

태양계의 중심 태양은 지금으로부터 약 46억 년 전쯤 태어났다. 우주에는 수많은 은하가 있고, 그 은하 안에는 가스와 먼지가 있는데 이들이 모여 가스 성운이 형성되고 태양과 같은 별은 바로 이곳 성운에서 탄생한다.

가스 성운이 최근 우리은하에서 아주 많이 발견됐다. 성운에 있는 가스와 먼지들은 질량이 있기 때문에 만유인력이 작용해 서로 끌어당기는데 중심부에는 가스들이 더 많이 모이고, 이 가스들은 서로 충돌하게 된다. 이때 운동에너지가 열에너지로 전환되면서 온도는 상승하고 여기에서 빛이 난다. 우리의 태양도 46억 년 전 이런 과정을 거쳐 탄생했다.

별이 형성되고 남은 잔해는 다시 지구와 같은 행성, 달과 같은 위성, 명왕성과 같은 소행성 등으로 태어난다. 별도 진화를 하는데 성운에서 안정된 별이 되기까지는 약 5,000만 년 정도 걸린다.

창조의 기둥(독수리 성운)/사진 출처=나사

지구로부터 뱀자리 방향으로 6,500광년 정도 떨어진 곳에는 '독수리 성운'이 있다. 이 독수리 성운은 '창조의 기둥'이라고도 불리는데 여기에서는 새로운 아기 별들이 계속 태어나고 있다.

창조의 기둥은 매우 거대하다. 가장 왼쪽 기둥의 길이는 무려 4광년에 이른다. 이는 빛의 속도로 4년을 가야 하는 거리로서 약 40조km에 달한다.

모든 항성(별)과 행성, 위성 등 전체는 수명이 있고, 태양 역시 이런 운명을 벗어날 수는 없다. 과학자들이 예측하는 태양의 앞으로 남은 수명은 50억 년가량이다.

한국천문연구원은 "앞으로 50억 년까지는 태양이 현재와 같은 모습이지만 그 이후에는 크게 부푼 뒤 생명을 다할 것"이라며 "태양의 수명은 앞으로 50억 년가량 남았다고 보면 된다"라고 설명했다. 태양이 앞으로 50억 년 정도는 지금과 같은 모습으로 활동한다는 것은 태양에 남아 있는 수소의 양을 계산한 결과다. 50억 년 후에는 중심부에 있는 모든 수소가 핵반응하고 중심부는 헬륨만 남게 돼 더 이상 에너지를 생산할 수 없게 되는 것이다.

이 헬륨은 다시 탄소로 바뀌면서 외부층은 팽창한다. 이후 태양은 적색거성(크기는 거대하지만 표면 온도가 낮아 붉은색을 띠는 별)이 되고 다시 초거성(반지름이 태양의 수십 배~수백 배에 이르는 별)이 된다. 그리고 이 초거성이 된 태양은 계속 팽창하다 그 외부는 성운으로 변한다.

이후 태양은 백색왜성(표면층 물질을 성운으로 방출한 뒤 남은 물질들이 수축해 형성된 청백색 별)이 변한 뒤 생을 마감한다. 이제 태양은 다른 행성들을 지배할 수 있는 중력 등 에너지를 잃게 돼 태양계에는 태양 홀로 남겨질 예정이다.

50억 년 후 태양이 생명을 다할 때쯤에는 지금보다 크기가 더 커져 태양계 행성 일부를 집어삼키는데 여기에는 지구도 포함된다. 지구도 종말을 맞게 되는 것이다.

그러나 이는 50억 년 후에 일어날 일이라 지금은 걱정할 것 없다. 그보다 우리는 태양이 지구를 삼키지 전 환경 오염이나 세계대전, 소행성 충돌, 대지진 등으로 지구가 멸망할 수 있다는 것을 우려해야 한다.

태양계의 첫 번째 행성 수성, 2025년 베일 벗을까?

태양계의 첫 번째 행성이자 태양에서 가장 가까운 천체인 수성. 이 행성은 태양 옆에서 공전하기 때문에 우리 육안으로는 긴 시간을 관찰할 수 없다. 태양의 빛이 너무 밝아 이에 가려지기 때문이다.

수성은 새벽이나 초저녁에만 잠시 볼 수 있다. 지구에서 우리의 육안으로 관찰 가능한 행성이 5개가 있는데 바로 수성, 금성, 화성, 목성, 토성이다. '오행성'이라고 하는데 수성도 그중의 하나이다.

수성은 태양으로부터 5,800만km 떨어져 있고, 지구와는 1억 5,500만km 거리에 있다. 대부분의 행성은 그 주위를 도는 위성을 거느리지만 수성은 위성이 없는 외로운 행성이다.

수성의 자전 주기는 58.64일, 태양 공전 주기는 87.97일이다. 지구 시간 기준으로 수성의 하루는 59일, 1년은 88일인 셈인데 1년과 하루의 시간차가 그리 크지 않다는 게 이 행성의 특징이다.

수성은 태양계의 행성들 가운데 가장 작다. 총질량은 지구에 비해 5% 정도이며, 중력은 지구의 37.7% 정도밖에 되지 않을 정도로 약하다. 만약 몸무게 100kg인 사람이 수성에 간다면 체중이 37.7kg밖에 나가지 않는다.

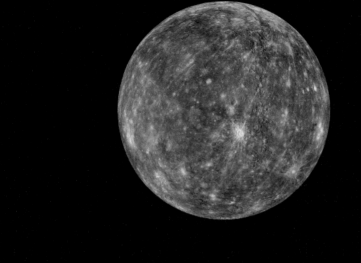

나사의 탐사선 메신저호가 촬영한 수성의 모습/사진 출처=나사

수성의 환경은 매우 혹독하다. 평균 온도가 117도, 최고 온도는 427도, 또 기온이 가장 낮을 때는 영하 193도까지 내려간다.

수성에도 대기는 존재하는데 산소가 42%, 나트륨 29%, 수소 22%, 헬륨 6%, 칼륨 0.5%이고, 그 외 이산화탄소 등이 약간씩 있다. 산소가 풍부한 지구와는 확연히 다른 환경이라 이곳에 사람이 간다면 숨을 쉬기 힘들 것이다.

수성은 낮은 중력과 높은 온도 때문에 대기가 표면에 머물지 못한다. 따라서 수성에는 대기가 존재해도 비나 눈이 내리는 기상 현상이 없다. 이런 이유에서 수성 표면에는 운석 충돌로 생긴 크레이터(구덩이)가 많다. 대기가 없는 달과 같은 모습이다. 수성에서는 계절의 변화도 없이 밤과 낮의 기온 차가 매우 크다.

수성은 지구와 마찬가지로 표면이 딱딱한 암석형 행성이다. 태양계에 있는 행성 중 암석형은 수성, 금성, 지구, 화성이다.

지금까지 수성에 간 탐사선은 2대에 불과하다. 첫 번째 탐사선은 1973년 11월 3일 미국 나사가 발사한 매리너 10호다.

이 탐사선은 1974년 금성의 중력을 이용해 수성에 접근했다. 매리너 10호는 1975년까지 3차례에 걸쳐 수성을 탐사했고, 현재는 지구와 통신이 두절된 채 태양 주변을 돌고 있다. 지구로 2,800장에 달하는 수성 사진을 보낸 매리너 10호 덕분에 수성에는 희박한 대기와 철로 이뤄진 핵이 있다는 사실도 알게 됐다.

매리너 10호는 수성 주변을 지나면서 이곳을 조사한 반면 2004년에 발사된 메신저호는 2011년 3월 18일에 수성 궤도에 진입했다. 무려 7년에 걸쳐 수성에 도착한 메신저호는 수성의 위성이 됐다. 메신저호는 2015년 4월 30일 수성 표면에 충돌하면서 임무를 마쳤는데 4년간 수성을 탐사했다. 메신저의 활동을 통해 수성에 화산 활동이 있었고, 중심에 액체 상태의 철이 있다는 것도 밝혀졌다. 메신저호는 이뿐만 아니라 수성을 북극 크레이터 안에 얼음도 있다는 것을 알아냈고, 수성 표면의 정밀 지도도 완성했다. 그리고 수성 대기권 최외곽에는 많은 물이 존재한다는 놀라운 사실도 밝혀냈다.

일본과 유럽은 수성에 특히 관심이 많다. 이에 일본·유럽은 합작으로 '베피콜롬보'라는 수성 탐사선을 지난 2018년 10월 19일에 발사했다. 이 탐사선은 7년 후인 2025년 12월 수성에 도착할 예정이다. 베피콜롬보는 수성 궤도에 진입하면 2개의 관측 위성으로 분리돼 수성 지표면과 광물, 대기, 자기장, 입자를 측정하는 임무를 수행할 예정이다. 아직은 많은 베일에 싸여 있는 수성에 대해 베피콜롬보가 얼마큼 수성의 비밀을 풀어줄지 기대된다.

지구에서 가장 밝게 빛나는 '샛별'… 실제의 환경은 지옥

태양계의 두 번째 행성인 금성은 우리말로 '샛별'이라고 부른다. 지구에서 육안으로 관측할 수 있는 태양계 천체 중 태양과 달 다음으로 세 번째 밝은 게 금성이다.

우리가 보는 금성의 이미지는 '아름다움'이지만 실제 이곳의 환경은 무시무시한 고온과 고압, 부식성 대기 등으로 이뤄져 있어 매우 극한 환경이다. 그야말로 지옥과 같은 행성이며, 태양계 행성 중 가장 뜨거운 곳이 금성이다. 수성이 태양과 가장 가까이 있어 가장 뜨거운 행성일 것 같지만 태양계에서 제일 '핫'한 곳은 금성이다. 그 이유는 바로 온실 효과 때문인데, 금성의 대기는 대부분이 이산화탄소로 구성되어 있어 태양으로부터 유입된 열이 빠져나가지 못한다.

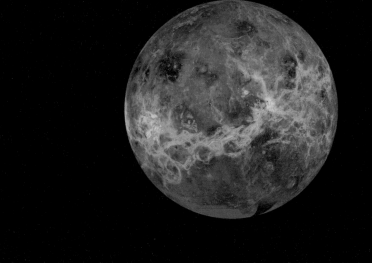

나사의 탐사선 마젤란과 파이어니어가 금성 궤도에서 포착한 금성의 합성 이미지
/사진 출처=나사

금성의 대기압력은 92바(bar)로 지구 대기의 90배가 넘는 고기압이 형성되어 있고, 풍속이 매우 빠르면서 엄청난 운동에너지를 보유하고 있는데 이는 행성의 열이 높은 이유 중 하나다.

금성의 평균 온도(섭씨)는 467도, 최고 온도는 500도에 달하고 최저 온도는 영하 45도다. 이산화탄소에 의한 고온 때문에 지구 온난화를 이야기할 때 금성이 언급되곤 한다.

자전 주기 243일, 공전 주기는 225일인 금성은 자전이 공전보다 느린데 금성의 하루는 1년보다 느린 셈이다. 금성의 특이한 점은 동쪽에서 서쪽으로 자전을 하기 때문에 지구와는 달리 금성에서는 해가 서쪽에서 뜨고 동쪽에서 진다.

금성에도 바람과 구름 등이 있어 기상 현상이 존재한다. 금성의 구름은 고농축 황산 성분이라 이곳에서는 강한 황산 비가 내린다. 금성은 지표면 온도가 매우 뜨겁기 때문에 황산 비가 내려도 땅에 닿지 못하고 내리는 도중 모두 증발하고 만다.

생물학자들은 금성 대기층의 기압과 온도, 구성 물질이 안정적이어서 구름에 미생물이 존재할 수 있다고 보고 있다. 그러나 천문학자들은 금성 내부 요인뿐 아니라 대기층 밖 태양풍, 방사선 등 외부 요인도 고려해야 하므로 금성 구름에 미생물이 존재할 수 있다는 것에 대해서는 부정론과 긍정론이 교차한다.

그동안 지구에서는 금성에 여러 대의 탐사선을 보내 혹독한 행성에 대한 비밀을 풀고 있다.

최초의 금성 탐사선은 1960년 3월 나사가 보낸 파이어니어 5호다. 이 탐사선은 지구와 금성 궤도 사이의 공간을 조사하기 위한 것이었는데, 계획한 궤도에 도착한 지 3개월 만에 고장 나고 말았다. 1961년 2월에는 러시아(당시 소련)의 비네라 1호가 발사됐으나 연락이 두절됐고, 1962년 8월 나사의 매리너 2호가 금성 궤도를 통과하면서 자기장이 없다는 사실을 알아냈다. 금성 지표면에 최초로 착륙한 탐사선은 러시아의 베니라 7호다. 1970년에 금성 땅을 밟았는데 이는 지구에서 보낸 탐사선 중 처음으로 지구 외 다른 행성에 착륙한 것으로 기록됐다.

미국은 지난 1989년 마젤란호를 끝으로 금성에 탐사선을 보내지 않았는데 최근 금성 탐사 재개를 선언했다. 나사는 오는 2028년 금성의 대기 구성을 파악할 탐사선 '다빈치 플러스(+)'를 발사하고 3년 뒤에는 '베리타스'를 보내 금성 전체의 화산 활동과 지질학적 특성을 알아볼 계획이다. 금성에서도 지구처럼 화산 활동이 일어나고 있다는 게 최근에 확인됐다.

미국 페어뱅크스 알래스카대학 지구물리학연구소의 로버트 헤릭 교수가 이끄는 연구팀은 2023년 3월 미국 텍사스주 우드랜드에서 열린 '제54차 달·행성 과학 회의'에서 30여 년 전 레이더 이미지 자료를 분석해 화산 활동이 최근에도 이뤄졌다는 점을 보여주는 증거를 발표했다.

나사와 알래스카대학에 따르면, 연구팀은 나사의 금성 탐사선 마젤란호가 1991년에 8개월 시차를 두고 포착한 레이더 이미지에서 마그마나 화산 분출물이 지표로 흘러나오는 통로인 화도(火道)의 크기와 형태가 변한 것을 찾아냈다. 이 화도는 적도 인근의 고원 지대인 '아틀라 레지오' 안에 있는 두 개의 화산 중 '마트 몬스'에서 확인됐다. 연구팀은 해상도가 낮은 30여 년 전 레이더 이미지를 분석하느라 애를 먹었다는데, 앞으로 보내질 새로운 금성 탐사선 베리타스가 금성에 도착하면 화산 활동과 관련한 정확한 증거와 데이터를 얻을 수 있을 것으로 기대하고 있다.

베리타스는 첨단 전천후 영상 레이더로 3차원(3D) 지도를 만들고 근적외선 분광기를 활용해 두꺼운 구름에 가려져 있는 금성의 지형과 내부 구조도 파악할 수 있다. 이를 통해 지구와 비슷한 질량과 크기를 갖고도 납도 녹일 만큼 뜨겁고 혹독한 환경을 갖게 된 과정을 알아낼 수 있을 것으로 보인다.

  미국 외에도 러시아, 일본 등 여러 나라들이 금성 탐사 계획을 가지고 있다. 금성은 현재 지구가 겪는 기후 변화를 거쳐 현재와 같은 환경을 갖게 됐을 가능성이 높아 천문학계는 물론 지구환경 학자들에게도 관심을 모으고 있다.

멀고도 가까운 지구의 이웃 행성 화성

　태양계의 네 번째 행성이자 지구의 이웃 행성인 화성은 인류에게 가장 많은 관심을 받고 있는 곳이다. 현재 과학자들은 우리 인류가 다천체(지구 외 다른 행성·위성) 종족이 되기 위해 지구 외 사람이 살 수 있는 곳을 찾고 있는데, 가장 유력한 후보지가 달과 화성이다. 이 가운데서도 화성은 지구와 유사한 점이 많아 과학자들은 물론 일반인들에게도 관심이 대상이 되는 곳이다. 미국의 전기자동차 회사 테슬라의 일론 머스크 최고경영자(CEO)는 화성에 사람을 이주시키겠다며 이에 대한 계획을 세우고 있고, 나사도 화성에 사람을 보내 탐사하는 것을 목표로 하고 있다.

화성 탐사선 오퍼튜니티가 촬영한 화성의 모습/사진 출처=나사

지구의 절반 크기인 화성은 산화철로 인해 붉은빛이 감도는 행성이며, 자전 주기는 24시간 37분, 공전 주기는 687일이다.

화성에는 2개의 위성이 있는데 이름은 '포보스'와 '데이모스'로 화성의 달은 2개인 셈이다. 안쪽에 있는 포보스의 공전 주기는 7시간 39분으로 화성 표면으로부터 6,000km 높이에 있고, 바깥쪽 위성인 데이모스는 화성 상공 2만 100km에서 30시간 17분 주기로 공전을 한다. 지구와 화성 모두 태양 주위를 공전하고 있어 공전 위치마다 지구-화성 간 거리는 다르다. 지구와 화성이 가장 가까울 때는 5,460만km, 가장 멀 때는 4억 1,000만km이며, 탐사선이 지구에서 화성까지 가는 데는 평균 7개월가량 걸린다.

옅은 대기가 있는 화성에는 물의 존재도 확인돼 생명체 존재 가능성의 기대를 높여 주고 있다. 특히 40억 년 전에는 화성도 지구처럼 물이 풍부한 행성이었다는 게 연구 결과로 밝혀지기도 했다. 그러나 현재는 태양풍을 막아 주는 자기장이 거의 없고 물도 말라 행성 자체가 건조한 사막으로 변한 화성에 생명체가 있어도 미생물 정도일 것이라는 게 과학자들의 예상이다.

태양계 행성 중 그동안 탐사가 가장 많이 이뤄진 곳이 화성이다. 화성에 탐사선을 처음으로 보낸 나라는 러시아(옛 소련)다. 러시아는 1962년 탐사용 위성 '마스 1호'를 화성 궤도에 진입시켰다. 이후 1971년 러시아가 야심차게 준비한 '마스 3호'를 화성 지표면에 착륙시켰지만 안타깝게도 제대로 작동하지 않아 지구로 정보를 보내지 못하고 통신도 두절됐다.

화성 지표면에 탐사선을 최초로 착륙시킨 건 미국이다. 나사는 1976년 6월 '바이킹 1호'를 화성에 착륙시키고, 두 달 뒤인 8월에는 '바이킹 2호'를 화성 지표면에 보냈다. 바이킹 1호는 1982년 11월까지, 바이킹 2호는 1980년 4월까지 화성에서 토양 분석 등 각종 임무를 수행하고 자료를 보내다 수명을 다했다. 나사는 이어 1997년 '마스 패스파인더'를 보냈고, 2004년에는 '스피릿'과 '오퍼튜니티', 2011년에는 '큐리오시티'를 화성에 착륙시켰다.

2020년 나사가 발사한 화성 탐사선 '퍼서비어런스'에는 소형 헬리콥터인 '인저뉴어티'가 탑재돼 그동안 지구에서 보낸 탐사선 가운데 처음으로 화상 상공을 날기도 했다.

러시아와 미국 외에도 유럽, 중국 등에서도 화성에 탐사선을 보내 다양한 정보를 얻고 있다.

유럽우주국(ESA)은 2023년 6월 2일(현지시간) 1시간 동안 유튜브를 통해 화성 궤도선 '마스 익스프레스'가 촬영한 화성 사진들을 실시간 공개하기도 했다. 유럽의 첫 화성 탐사선인 마스 익스프레스는 지난 2003년 6월 2일 러시아의 소유즈 로켓에 실려 그해 12월 25일 화성 궤도에 진입했다. 이 탐사선은 고도 300~1만 km에서 화성 상공을 돌고 있는데, 한번 도는 데 7시간 30분 정도 걸린다. ESA의 화성 사진 생중계는 마스 익스프레스가 발사된 지 20주년을 기념한 것인데, 화성 지표는 물론 화성의 구름 등 다양한 모습이 담겼다.

현재까지 인류가 지구 외 가본 천체는 달까지이며, 이제 더 먼 곳인 화성으로 유인 탐사를 진행하고 있다. 화성에 사람을 보내는 계획에는 미국이 가장 적극적이면서도 또 가장 앞서 있는데, 퍼서비어런스 등의 탐사선들도 화성 유인 탐사의 사전 활동이라고 할 수 있다.

　　화성은 우주선으로 3일가량 걸리는 달과는 달리 거리도 무척 멀어 해결해야 할 과제들이 많다. 100년 전만 해도 인류가 달에 갈 것이라고는 상상도 못 했지만, 이미 1960년대에 이를 실현했다. 우주를 향한 인류의 도전은 계속되고 있고, 기술 역시 지속 발전하고 있어 이르면 2030년에는 인간이 화성을 밟을 수 있다는 기대도 낳고 있다.

사람이 화성에 가기 위한 해결 과제들

수천 년 전부터 밤하늘의 달을 보며 그곳을 동경했던 인류의 꿈은 1960년대에 이뤄졌다. 이제 인류의 눈은 여름밤 밝게 빛나는 지구의 이웃 행성 화성을 향해 있다.

미국과 러시아 등 각 나라에서 화성에 경쟁적으로 탐사선을 보냈었는데 이제는 화성에 사람을 보낼 준비를 하고 있다. 미국 나사는 2030년대 초 화성 유인 탐사를 목표로 하고 있고, 미국의 민간 우주기업 '스페이스-엑스(X)'도 화성에 사람을 보내고 또 그곳에 거주용 기지를 세우겠다고 한다. 그런데 정말 인간이 2030년대에 화성에 갈 수 있을까? 화성은 달처럼 며칠 만에 갈 수 있는 곳이 아닌데 말이다.

지구에서 화성까지는 현재의 과학기술로 최소 7개월이 걸린다. 오랫동안 무중력 상태의 좁은 공간에서 우주의 각종 위험들과 사투를 벌여야 한다. 따라서 인간의 화성 착륙은 달에 가는 것에 비교할 수 없을 정도로 엄청난 기술이 필요하다.

나사의 우주비행사들이 우주정거장에서 무중력 상태로 있다./사진 출처=나사

　화성에 가기 위해서는 우선 극복해야 할 게 중력에 대한 문제다. 우주에서 장기간 체류할 때 사람의 건강을 위협하는 것은 대부분 중력과 관련이 있다.

　지구상의 모든 생명체는 지구의 중력인 1G에 적응하면서 진화해 왔다. 사람 역시 마찬가지다. 만약 1G보다 중력이 크거나 적으면 우리의 몸도 변화하면서 건강을 해친다. 무중력 상태인 0G의 환경에 사람이 장기간 노출되면 건강에 좋을 리 없다.

　우선 중력이 1G 이하면 사람의 근육이 약해진다. 근육을 잡아주던 중력의 힘이 사라지면서 온몸의 근육은 탄력을 잃는다. 이 때문에 우주정거장에서 생활하는 우주인들은 매일 2시간 이상 근력 운동을 한다. 하지만 근력 운동만으로는 이 문제를 해결할 수는 없다. 팔·다리의 근육은 운동으로 어느 정도 탄력을 유지할 수 있지만 내장근육의 문제는 운동으로 해결되지 않는다. 지구에서는 중력이 내장근육의 탄력을 유지시켜 주지만 무중력 상태에서는 금방 내장근육의 힘이 약해진다.

무중력 상태에서는 골밀도가 감소하는 문제도 있다. 우리 몸의 칼슘은 중력 덕분에 뼈에 붙어 있다. 그런데 중력이 없으면 칼슘이 빠져나간다. 화성행 우주선 승무원이 7개월을 잘 버티고 화성에 도착한다고 해도 화성 땅을 밟게 되면 그 순간 다리뼈가 과자처럼 부서질 것이다.

중력이 없는 환경에서는 허리(척추)와 목뼈 통증도 유발한다. 허리 마디마디가 늘어나 키는 3~5㎝가량 커지지만 요통을 동반한다. 허리 통증은 우주정거장 우주인들의 만성질환이기도 하다.

시력이 나빠지는 것도 중력과 관계가 있다. 우리 몸의 순환계는 1G에 맞는 힘으로 펌프질을 해 혈액을 뇌와 각 기관에 보낸다. 이렇게 진화해 왔기 때문이다. 그런데 중력이 없는 상태에서는 혈액이 거칠게 솟구쳐 온몸에 피가 과도하게 흐르게 된다. 특히 이때 눈에는 과도한 유체 압력이 가해져 시신경의 기능이 떨어지고 시력이 나빠진다.

우주 공간에서 장기간의 생활을 다룬 영화 〈패신저스〉(2017년 개봉)의 한 장면. 영화에서는 우주선에 인공중력 장치가 있어 선내 사람들이 둥둥 떠다니지 않는다./사진 출처=구글 캡처

실제로 우주정거장에서 6개월 이상 체류하다 지구로 귀환한 우주인들은 모두 시력 감퇴를 호소한다. 시력이 1.0이었던 사람이 지구로 귀환 후 시력검사를 하면 0.2~0.5 정도가 나온다. 감퇴된 시력은 지구에서 대부분 회복되지만, 일부는 영구적으로 손상되기도 한다.

중력과 관련된 문제를 해결하기 위해 가장 좋은 방법은 인공중력을 만드는 것이다. 공상과학(SF) 영화에서는 인공중력이 자주 등장하는데, 사실 이는 제작비 절감 차원이다. 현재의 기술로는 큰 우주선 자체에 장기간 인공중력을 구현할 수 없다. 나사에서도 화성에 사람을 보내는 계획을 추진하면서 가장 골칫거리가 중력에 대한 문제라고 밝힌 바 있다. 그런데 나사에서는 아직 인공중력에 대한 연구를 하고 있지 않다. 비용 문제도 있지만 성공 가능성이 낮기 때문이다. 이에 나사는 인공중력 대신 다른 것으로 사람의 신체를 지구에서처럼 유지하는 방법을 연구하고 있다.

지구에서 화성까지 가는 7개월간 우주방사선에 노출되는 문제도 해결해야 한다. 현재 지구는 자기장이 태양풍과 우주방사선을 막아주지만, 우주 공간은 엄청난 유해 방사선으로 가득하다. 방사선이 지구 생명체에 얼마나 해로운지는 따로 설명을 할 필요가 없을 정도로 널리 알려져 있다. 방사선은 중력 문제보다 더 치명적인 위험을 일으킨다. 화성으로 가던 중 태양풍을 만나면 우주선 안의 승무원은 40렘의 방사선에 노출된다. 이는 우리가 병원에서 전신 씨티(CT) 촬영을 40회 정도 했을 때 노출되는 방사선량이다. 40렘이 치사량 수준은 아니지만 암 관련 질환을 유발할 가능성이 매우 크다. 태양풍은 다행히 도착 1~2일 전에 예측할 수 있어 태양풍 경보가 울리면 바로 물탱크 뒤로 몸을 숨기면 된다. 물은 태양방사선을 잘 흡수하기 때문이다. 그런데 우주선의 무게는 최대한 줄여야 하므로 승무원들을 모두 가려줄 수 있는 큰 물탱크를 우주선에 실을 수는 없다. 우주방사선에 대한 문제도 아직은 딱히 해결 방법이 없는 실정이다.

우주에서의 오랜 고립 생활도 화성 여행의 걸림돌이다. 우주라는 공간에 여러 사람과 접촉하지 못하고 오랫동안 생활하면 불안감과 고독감 등으로 정신질환을 유발할 수 있다. 그 해결책으로 나사에서는 가상현실(VR) 이용을 연구 중이다. VR을 통해 지구의 생활을 간접 체험하게 하는 것이다. VR이 우주인의 심리적 안정을 줄 수 있다는 연구 결과도 있다. SF 영화에서는 이런 심리적 문제를 해결하기 위해 장기간 잠을 자는 인공동면도 나온다. 그런데 인공동면 기술이 현재로서는 없다. 인공동면이란 아직까지는 SF의 영역인 것이다.

중력·방사선·심리적 불안 및 고독감 등의 문제를 모두 해결하기 위해 가장 좋은 방법은 화성으로 가는 시간을 단축시키는 것이다. 이론상으로는 지구에서 화성까지 40일 만에 갈 수 있다. 2006년 발사된 명왕성 탐사선 뉴호라이즌호는 41일 만에 화성을 지나갔다. 뉴호라이즌호처럼 화성행 우주선도 속도를 빠르게는 할 수 있다. 그런데 여기에는 또 문제점이 있다. 빠른 속도로 우주를 비행하다 화성에 도착할 쯤에는 급감속을 해야 하는데 이렇게 하면 중력가속도에 의해 우주선 승무원들의 몸이 찌그러져 사망한다. 이 때문에 빠르게 날아간다고 해도 몇 달에 걸쳐서 천천히 감속을 해야 하고, 결국 화성까지 가는 데는 40일 이상이 걸리는 것이다.

만약 이 모든 난관을 해결하고 화성에 도착한다 하더라도 지구와 화성 간 먼 거리도 문제가 된다. 바로 긴급 상황에서 통신이다. 지구와 화성은 모두 태양 주변을 돌고 있어 각각의 공전 위치마다 거리가 달라진다. 지구와 화성이 가장 가까울 때는 5,460만㎞, 가장 멀 때는 4억 1,000만㎞다. 화성에서 지구와 전파로 송수신을 하게 되면 최소 6분에서 최대 40분이 걸린다. 응급 상황이 발생해 지구의 지시를 받아야 할 때 상황을 알리고 답신을 받는 데까지 아무리 빨라도 6분은 걸리는 셈이다.

따라서 화성에 가는 사람은 급작스러운 부상이나 질병 발생에 대비해 기본적인 의학 지식을 갖춰야 하고, 이외에 우주선이나 가지고 간 장비에 문제가 생겼을 때 이를 스스로 고칠 수 있는 능력 등 모든 상황에 대처할 수 있어야 한다.

지금까지 알아본 바와 같이 화성으로 가는 길은 험난하고 고독하며 여러 난관을 해결해야 한다. 하지만 인류는 항상 문제들을 하나씩 해결해 가며 목표를 이뤄왔다. 현재 과학기술의 발전 속도는 과거에 비해 무척 빠르기 때문에 앞서 언급했던 화성행 문제들을 언젠가는 해결할 수 있을 것이고, 화성을 향한 인류의 꿈이 실현되는 날은 올 것이다. 사람이 직접 화성으로 가 그곳의 모습을 생생하게 중계하고 지구에 있는 우리는 편하게 안방에서 스마트폰 등으로 화성을 간접 체험하는 날을 기대해 본다.

지구의 안전지킴이 목성

태양계의 다섯 번째 행성 목성. 지구로부터 6억~9억km(지구와 목성의 공전 위치마다 거리가 달라짐) 떨어진 이 행성은 지름이 지구의 11배, 질량은 지구의 318배에 달한다.

태양계 행성 중 가장 목성이 가장 큰데 공전 주기가 12년이며, 자전 주기는 9시간 55분이다. 태양계 행성 중 목성은 토성에 이어 두 번째로 많은 위성을 보유하고 있다. 2023년 현재까지 발견된 목성의 위성은 총 95개다. 목성에는 달이 95개인 셈인 것이다.

수성, 금성, 지구, 화성은 암석형 행성인 반면 목성은 가스로 이뤄진 행성이다. 목성의 대기 조성은 수소가 89.9%, 헬륨이 10.2%이며 나머지는 메테인과 암모니아 등이다.

목성에 대한 탐사는 태양과 화성만큼이나 다양하게 진행되고 있다. 1973년 나사가 보낸 파이어니어 10호가 목성 궤도를 통과하면서 처음으로 이곳을 직접 조사를 했고, 1974년에는 파이어니어 11호도 목성을 탐사했다. 1979년에는 나사의 보이저 1호와 2호가 목성을 지나면서 이 행성의 위성을 관측했다. 또 1992년에는 나사의 율리시즈호가 목성 대기 끝부분에 접근해 태양풍과 자기장 등을 조사했으며, 1995년에는 나사의 갈릴레이호가 목성에 접근해 대기의 구조와 온도 분포, 구름 등을 탐사했다.

2000년에는 나사와 유럽우주국(ESA), 이탈리아우주국(ASI)이

협업해 보낸 카시니-하위헌스 탐사선, 2007년에는 나사의 뉴호라이즌 탐사선이 목성 궤도에 근접했다. 2016년에는 나사의 주노 탐사선이 목성 가까이서 대기와 자기장 등을 조사했다.

2023년 4월에는 ESA가 목성 탐사선 주스를 보냈는데 8년 후인 2031년 목성에 도착해 얼음으로 뒤덮힌 유로파와 가니메데, 칼리토스 등 3개의 위성을 탐사할 예정이다. 또 2024년에는 나사의 탐사선 유로파-클리퍼가 발사돼 목성의 비밀을 풀어 갈 것이다.

목성의 모습/사진 출처=나사

목성은 지구에 매우 중요한 행성이다. 목성은 지구를 보호해 주는 행성이라고 볼 수 있는데, 만약 목성이 없었다면 지구의 생명체는 지금처럼 번성하지 못했거나 지구라는 행성 자체가 없어졌을지 모른다. 그 이유는 목성의 강력한 중력 덕분인데, 목성의 중력은 지구보다 2.5배 강하다. 이에 태양계를 떠도는 수많은 운석이 목성의 중력에 사로잡혀 지구로 적게 다가오는 것이다. 태양과 목성 사이에는 중력이 균형을 이루는 라그랑주 L4와 L5라는 포인트가 있다. 이곳에는 엄청나게 많은 소행성들이 모여 있는데 이를 '트로이 소행성군'이라고 부른다. 만약 목성이 없다면 그 많은 소행성들 중 상당수가 지구로 다가왔을 것이다. 태양계 외곽에서 접근하는 혜성이나 소행성도 목성의 중력에 잡혀 지구까지 오지 않고 있으니 목성은 방패 역할을 하며 지구를 지켜 주고 있는 것이다.

목성의 강력한 자기장도 지구를 보호해 주고 있다. 이 자기장은 태양풍을 막아 줘 지구에 도달하는 태양 방사선의 양을 상당히 줄여 준다. 이뿐만 아니라 목성의 자기장은 지구의 대기층을 보호해 주고 있어 지구 생물들이 생명을 유지하는 데 도움을 주고 있다.

이제 과학자들은 목성의 위성을 주목하고 있다. 95개의 위성 가운데 생명체가 존재하고 있을 가능성이 있는 위성이 있는데, 바로 유로파다. 얼음 위성인 이곳 유로파의 지하에는 거대한 바다가 있고 또 생명체가 존재할 수 있다고 과학계는 추측하고 있다. 2024년 발사된 나사의 유로파-클리퍼 탐사선이 그 비밀을 풀어 줄 것으로 기대되는 이유다.

태양계 행성 중 가장 많은 위성을 거느린 토성

태양계의 여섯 번째 행성 토성은 멋진 고리를 가지고 있는 천체다. 토성은 목성처럼 가스로 이뤄졌으며 자전 주기는 10시간 39분, 태양 공전 주기는 29.5년이다.

태양계 행성 중 두 번째로 큰 토성의 대기 조성은 수소가 96%로 대부분을 차지하며, 나머지는 헬륨과 메테인, 암모니아, 에테인 등으로 이뤄졌다. 토성과 지구의 거리는 가장 가까울 때가 11억 9,500만km, 가장 멀 때는 16억 6,000만km이다.

지구에는 달이 1개이지만 토성은 100개가 넘는다. 토성의 위성은 현재 발견된 것만 145개로 태양계에서 가장 많다. 특히 토성의 위성들 중 엔셀라두스와 타이탄에서는 생명체가 존재할 가능성이 높아 천문학계의 관심을 받고 있다.

신비로움을 주는 토성의 고리는 1609년 갈릴레오 갈릴레이가 처음 발견했다. 당시 갈릴레이는 망원경 성능이 좋지 못해 자신이 발견한 게 고리라는 것을 몰라 "토성의 양쪽에 귀 모양의 괴상한 물체가 붙어 있다"고 발표했다.

그리고 50년 뒤 네덜란드의 천문학자 크리스티안 호이겐스가 토성의 양쪽 귀는 고리임을 확인했다. 또 1675년 이탈리아의 천문학자 장 도미니크 카시니는 토성의 고리가 한 개가 아니라 여러 개로 이뤄졌다는 것을 알아냈다. 카시니는 토성 고리들 사이에 간

격이 있다는 것을 발견했는데 이 간격을 '카시니 틈' 또는 '카시니 간극'이라고 부른다.

토성의 고리는 주로 얼음으로 구성되어 있다. 과학자들은 토성이 생성된 후 남은 물질이 고리를 이룬 것으로 추정했다. 토성은 지구처럼 45억 년 전에 생성됐다. 그동안 과학자들은 토성의 고리도 45억 년가량 됐을 것으로 봤다. 그런데 이 고리는 4억 년 전에 생겼다는 연구 논문이 2023년에 발표됐다.

미국 볼더 콜로라도대학교 대기·우주물리학 연구소(LASP)의 사샤 켐프 교수팀은 2023년 5월 과학저널 〈사이언스 어드밴시스, Science Advances〉를 통해 "토성 주변의 먼지들을 분석해 고리들이 4억 년 전 형성됐다는 강력한 증거를 확인했다"라고 밝혔다. 연구진은 토성 고리의 먼지를 분석해 해답을 얻었다. 켐프 교수는 "작은 암석 알갱이들이 거의 일정하게 항상 지구를 포함한 태양계를 통

57

과해 흘러가고 있다"며 "어떤 경우에는 토성 고리를 구성하는 얼음 같은 행성 구성 물체에 얇은 먼지층을 남길 수 있다"고 설명했다.

연구팀은 2004년부터 2017년까지 토성 주변을 비행하며 탐사 활동을 한 나사의 토성 탐사선 카시니호에 탑재된 우주 먼지 분석기(CDA)를 이용해 토성 주변의 우주 먼지들을 분석했다.

연구팀은 "이 장치가 13년간 채집한 토성 밖에서 온 우주 먼지 알갱이는 163개에 불과했지만 이것으로 토성 고리의 나이를 밝히는 데는 충분했다"며 "집에 있는 탁자에 쌓인 먼지를 손가락으로 만져보고 얼마나 오래됐는지 가늠해 보는 것과 같은 원리다"고 전했다. 켐프 교수는 "토성 고리 나이는 대략 알게 됐지만 해결되지 않은 문제들이 남아 있는데 고리들이 처음에 어떻게 형성됐는지는 아직 알수 없다"면서 "후속 연구를 위해 더 정교하게 제작한 먼지 분석기를 2024년 발사된 나사의 '유로파 클리퍼' 탐사선에 탑재할 예정이다"고 밝혔다. 유로파 클리퍼는 목성의 위성인 유로파 탐사가 목적인데 유로파 인근에서 이웃 행성인 토성의 고리도 분석할 예정이다.

토성은 화성만큼이나 대중매체에 자주 등장하는 행성이다. 2014년 개봉한 크리스토퍼 놀란 감독의 영화 〈인터스텔라〉에서는 웜홀 (우주에서 먼 거리를 가로질러 지름길로 빠르게 이동할 수 있다는 가설적 통로)이 토성 근처에서 발생했다는 장면이 나온다. 영화의 주인공들이 타고 있는 우주선 '인듀어런스' 호가 토성 옆을 지나는데 이때 토성의 압도적인 크기와 고요함은 인간이 얼마나 작은 존재인지를 실감케 해 주기도 한다.

누워서 자전하는 특이한 행성 천왕성

　태양계의 일곱 번째 행성인 천왕성은 가스 행성인 목성과 토성에 비해 무거운 원소 비율이 높아 '얼음 거성'이라고 불리는데 매우 추운 곳이다. 천왕성의 온도를 보면 평균 영하 218도, 최고 영하 216도, 최저 영하 224도이다. 이 행성의 대기는 수소가 대부분으로 83%를 차지하고 있으며, 헬륨이 15%, 나머지는 메탄과 암모니아, 에탄 등으로 구성되어 있다. 크기가 지구의 4배인 천왕성의 중력은 지구(1G)보다 약간 낮은 0.886G이다.

　천왕성의 태양 공전 주기는 87년으로 무척 길다. 또 자전 주기는 17시간 14분 24초인데, 특이한건 자전축 기울기가 97.77도나 되기 때문에 누워서 자전을 한다. 다른 행성들은 팽이가 돌 듯 자전하는데 천왕성은 공이 굴러가듯 자전을 한다. 이렇게 누워서 자전을 하는 행성은 태양계에서 천왕성이 유일하다.

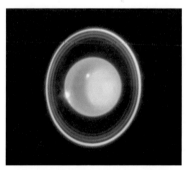

나사의 우주망원경 제임스웹이 촬영한
천왕성과 고리의 모습/사진 출처=나사

　천왕성도 토성처럼 고리를 가지고 있다. 토성과 같이 화려하진 않지만 고리가 무려 13개나 있다. 천왕성 고리는 햇빛을 반사하지 않는 암석과 먼지로 이뤄져 망원경으로 포착하기가 쉽지 않다. 그런데 현재 최고의 우주망원경인 제임스웹망원경이 2023년 초 천왕성 고리를 촬영하는데 성공했다.

제임스웹이 촬영한 고리는 총 11개이며, 겹쳐서 보이지만 역대 촬영된 사진 중 가장 선명하다. 가장 바깥쪽에 있는 고리 2개는 너무 희미해 그동안 포착되지 않았었는데, 지난 2007년 허블우주망원경에 의해 존재가 확인되기도 했다.

보이저2호가 촬영한 천왕성의 위성들 몽타주/사진 출처=나사

현재 발견된 천왕성의 위성은 총 27개다. 이 행성에는 달이 27개 있는 셈이다. 이 위성들 가운데 '티타니아'와 '오베론', '아리엘', '움브리엘'이라는 위성은 얼음으로 뒤덮여 있으며, 표면 아래에 소금물 바다가 있을 것이라는 연구 결과가 2023년 5월 나왔다.

이 연구를 이끈 나사의 제트추진연구소는 천왕성 위성에 있는 바다에는 물 1L당 약 150g의 소금이 있을 것으로 추정했다. 이에 일부 과학자들은 천왕성의 위성 바다에도 생명체가 있을 수 있다는 조심스러운 추측을 내놓기도 한다. 미국 유타주의 소금 호수 '그레이트 솔트레이크'는 이보다 염도가 2배나 높지만, 여기에도 생명체가 살고 있기 때문이다. 줄리 카스티요 로게스 제트추진연구소 박사는 "과학자들은 이전에도 천체 크기가 작아 바다가 있을 것 같지 않은 왜소행성 세레스와 명왕성, 토성 위성 미마스에서 바다가 있다는 증거를 발견했다"면서 "천왕성 위성에서 바다를 발견한다면 바다는 우리 태양계에 흔한 현상이며, 다른 태양계에도 바다가 있을 것이다"라고 전망했다.

현재 과학계는 태양계 행성과 위성들 탐사에 그 어느 때보다 적극적인데 앞으로 천왕성이 주요 탐사 대상이 될 가능성이 많다.

이와 관련해 나사의 자문 기구인 미국 국립과학공학의학원(NASEM·나셈)에는 '행성과학과 우주생물학 10년 조사위원회'라는 조직이 있는데, 이 위원회는 지난해 발표한 '2023~2032년 우주 탐사 프로그램 보고서'에서 향후 10년간 추진할 대형 우주탐사 프로그램의 1순위로 천왕성 궤도 탐사선(UOP)을 권고했다.

한 계절이 40년인 해왕성… 최근 구름이 사라진 이유는

태양계의 8번째이자 마지막 행성인 해왕성. 이곳은 '태양계의 불모지'라고도 불린다. 그 이유는 태양계 행성들 중 탐사가 그리 많이 되지 않았기 때문이다. 또 그만큼 아직 베일에 가려진 게 많아 천문학자들 사이에서 연구 대상인 행성이기도 하다.

해왕성 탐사가 힘든 이유는 우선 지구에서 너무 멀기 때문이다. 지구와 해왕성의 거리는 공전 위치마다 달라지는데 가장 가까울 때가 43억km가량, 가장 멀 때는 46억km 정도 된다. 해왕성에 탐사선을 보내고 지구와 교신을 하려면 전파가 가는 데만 4시간이 걸리니 탐사선과 한 번 통신을 주고받으려면 8시간이 걸린다.

자전 주기 16시간 6분 36초, 태양 공전 주기가 164년 8개월인 해왕성은 '얼음 행성'으로 매우 추운 곳이며, 평균 온도가 영하 218도에 달한다. 대기 조성은 수소가 80%로 대부분을 차지하고, 헬륨이 19%, 나머지는 메탄과 에탄 등으로 구성되어 있다. 크기는 지구의 4배, 질량은 17배에 달한다.

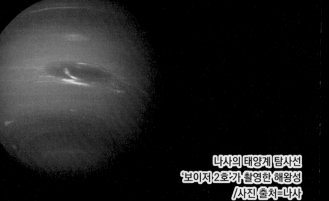

나사의 태양계 탐사선
'보이저 2호'가 촬영한 해왕성
(사진 출처=나사

해왕성의 대기는 매우 변화무쌍하고 혹독하다. 최대 풍속은 시속 1,600km인데 이 때문에 국지적으로 나타나는 폭풍인 대흑점과 소흑점 등의 현상이 활발하다. 해왕성은 자전축 기울기가 28.32도로 지구(23.44도)와 비슷해 계절의 변화가 있을 것으로 과학자들은 추측하고 있다. 단, 해왕성은 공전 주기가 164년 8개월이나 되므로 한 계절이 40년 정도 될 것이라고 보고 있다. 해왕성도 토성과 천왕성처럼 고리를 가지고 있다. 하지만 해왕성의 고리는 천왕성과 같이 희미하기 때문에 성능 좋은 천체망원경을 통해서만 관측이 가능하다. 해왕성 고리는 대부분 먼지로 구성되어 있다.

현재까지 발견된 해왕성의 위성은 14개다. 해왕성에는 달이 14개 있는 셈이다. 해왕성 위성 중 가장 큰 게 '트리톤'이다. 이 위성은 특이한 점이 있는데, 바로 '역행 궤도'로 공전을 한다는 것이다. 일반적으로 위성은 모행성과 같은 방향으로 공전하는데 트리톤은 해왕성이 자전하는 반대 방향으로 공전한다. 이 같은 현상을 '역행 궤도 공전'이라고 한다.

해왕성은 늘 구름에 싸여 있었는데 지난 2020년부터 남극 상공을 제외한 모든 곳에서 구름이 사라졌다. 따라서 이에 대한 궁금증을 풀기 위해 많은 과학자가 연구를 했는데, 최근 그 해답을 미국에서 찾아냈다.

미국 버클리 캘리포니아대학교(UC버클리) 연구진은 1994년부터 2022년까지 하와이 마우나케아산의 켁천문대 망원경과 허블 우주망원경, 캘리포니아 릭천문대 망원경으로 해왕성을 관측해

약 30년가량의 데이터를 분석했다. 그 결과 해왕성 구름이 사라진 것은 태양 활동의 11년 주기와 연계되어 있다는 것을 알아냈다고 한다. 연구진에 따르면, 해왕성의 밝기는 구름의 양에 따라 달라지는데 구름이 클수록 빛을 더 많이 반사해 해왕성이 더 밝게 빛난다. 연구진은 관측 데이터 분석을 통해 이 기간의 해왕성 구름양이 2.5주기의 패턴을 보이는 것을 발견했다. 구름의 양 증감에 따라 해왕성은 2002년에 가장 밝아졌다가 2007년 어두워진 뒤 2015년에 다시 밝아졌다. 이어 2019년부터 구름이 가장 많은 중위도에서부터 구름이 사라지면서 다시 어두워지기 시작했고, 사라졌던 해왕성의 구름은 올해 여름 중위도에서부터 다시 생겨나고 있는 것도 발견했다.

연구진은 "구름이 증감하는 시기가 평균 11년 주기로 극대기와 극소기를 오가는 태양 활동 주기와 흐름을 같이 한다"며 "2002년은 태양 활동 23주기(1996~2008년)의 극대기 직후이고, 2007년은 극소기에 해당하는 시점이다"라고 설명했다. 2015년은 태양 활동 24주기(2008~2019년)의 극대기를 막 지난 시점, 2019년은 극소기에 해당한다. 2020년부터 25주기에 진입한 태양 활동은 2025년 7월께 극대기를 맞을 것으로 예상된다. 참고로 천문학자들은 태양 흑점 수의 변화를 기록하기 시작한 1755년 이후부터 태양 활동 주기에 번호를 매기고 있다.

연구진은 "태양 활동 극대기에는 더 강한 자외선이 태양으로부터 방출되는데 태양이 극대기의 정점을 찍은 지 2년 후에 해왕성에 더 많은 구름이 나타나는 양상을 보이는 것을 확인했다"면서

"이번 발견은 태양에서 날아오는 자외선이 강해지면 해왕성의 상층 대기에서 구름을 생성하는 광화학 반응이 촉진될 수 있다는 가설을 뒷받침해 준다"라고 밝혔다.

명왕성은 왜 태양계에서 퇴출됐나?

'수금지화목토천해명' 2000년대 초반까지 초·중·고교를 다닌 사람이라면 태양계의 행성 순서를 이렇게 외웠을 것이다. 그러나 지금은 명왕성이 태양계 행성에서 제외됐다. 태양과 같이 스스로 빛과 열을 내는 천체를 '항성' 또는 '별'이라고 한다. 별 주위를 도는 천체는 '행성'이라고 하고, 행성 주위를 도는 천체는 '위성'이라고 한다. 그 외의 천체는 '소행성', '왜소행성(왜행성)' 등으로 분류한다. 명왕성은 몇 년 전까지 태양계의 행성이었지만 지금은 왜소행성으로 정의한다. 왜소행성이란 행성과 위성을 제외한 천체 중 행성 같아 보이지만 일반 행성보다는 작은 태양계의 외곽 천체를 말한다.

명왕성이 태양계 행성에서 제외된 것은 지난 2006년이다. 국제천문연맹(IAU)에서 결정한 것이다. 1919년 창설된 국제천문연맹은 세계 유수한 천문학자들이 모인 단체이자 천체 이름을 명명하고 정의하는 공식 기관이다. 1990년대부터 태양계 외곽에서 작은 천체들이 많이 발견되자 국제천문연맹은 행성에 대한 정의를 새롭게 정립해야 한다고 생각했다. 2006년 국제천문연맹에서는 태양계 행성의 정의를 태양 주위를 도는 둥근 천체로 봐야 한다는 의견과 태양을 도는 천체 중 일정하게 큰 궤도로 돌아야 행성으로 정의해야 한다는 주장이 맞섰다.

명왕성/사진 출처=나사

국제천문연맹에서 내린 행성의 정의는 △ 태양(항성) 주위를 돌고 다른 행성의 주위는 돌지 않아야 한다. △ 둥근 모양이고 내부에서 핵융합 반응을 일으키지 않을 만큼 질량이 크지 않아야 한다. 그리고 2006년 국제천문연맹 회의에서는 행성의 정의가 또한 가지 추가됐다. △ 주변에 잡동사니와 같은 천체들이 없어야 한다. 이 조항이 새로 생겼다.

명왕성은 태양 주위를 돌고 둥근 모양이며 질량이 크지 않아 행성의 정의에는 부합한다. 하지만 세 번째 기준에서 걸렸다. 명왕성의 공전 궤도에는 많은 얼음덩어리 천체가 있다. 이에 비해 수성·금성·지구·화성·목성·토성·천왕성·해왕성 8개의 천체에는 잡다한 천체들이 없다. 그러나 일부 천문학자들이 이 같은 행성 정의에 반대했다. 이에 2006년 8월 24일 국제천문연맹은 찬반 투표를 했는데, 명왕성을 태양계 행성에서 제외한다는 의견이 60%로 앞섰고, 결국 명왕성은 1930년에 발견된 지 76년 만에 태양계 행성에서 퇴출됐다. 명왕성 퇴출 여부를 결정하는 국제천문연맹

회의에는 75개국 천문학자 2,500명이 참석했고, 투표에는 424명이 참여했다.

　애초 2006년 국제천문연맹의 회의는 명왕성 퇴출 논의가 주목적이 아니었다. 화성과 목성 사이에는 일반인들이 잘 모르는 '세레스'라는 천체가 있는데 행성 지위를 받지 못했던 이 천체를 태양계 행성에 포함시키기 위한 자리였다. 만약 세 번째 조항이 없어 세레스가 행성으로 포함됐으면 우리는 태양계 행성 이름을 '수금지화새목토천해명'이라고 새롭게 외웠을 것이다. 그런데 세 번째 행성의 정의 조항 때문에 세레스는 행성이라고 볼 수 없다고 판단했고, 명왕성까지 퇴출된 것이다. 어떻게 보면 명왕성은 태양계 구조조정에서 피해를 본 천체라고 볼 수도 있겠다.

2006년 명왕성의 태양계 행성 제외 여부를 결정한 국제천문연맹의 투표 현장
/사진 출처=국제천문연맹

명왕성이 왜소행성으로 강등된 후 일부 천문학자들이 다시 명왕성을 행성으로 복원시키려 했지만, 국제천문연맹에서는 아직 명왕성 행성 복원 논의에 대한 계획은 없다고 한다.

천문학이 발전할수록 천체나 우주의 물질 및 특정 현상에 대한 정의는 바뀌기 마련이다. 세레스의 경우도 1801년 발견됐을 때 행성으로 분류했다 50년 뒤에는 소행성으로 격이 낮아지면서 태양계 행성에서 퇴출됐다. 좀 더 시간이 지난 후 다시 행성에 대한 정의가 또 새롭게 정립되면 세레스가 행성에 포함되고 명왕성도 행성 지위를 회복할 수 있다. 반대로 현재의 8개 행성 중 퇴출되는 행성도 생길 수 있는 일이다.

인류의 우주 관측 기술은 나날이 발전하고 있기 때문에 현재 우리가 미처 발견하지 못한 태양계 천체들도 줄줄이 발견될 수도 있다. 이런 이유 때문에 앞으로 행성에 대한 정의가 어떻게 수정될지, 또 '수금지화목토천해'가 어떻게 바뀔지 궁금하다.

태양계 행성 영어 이름은 어떻게 지어졌을까?

태양계의 행성 '수금지화목토천해(수성·금성·지구·화성·목성·토성·천왕성·해왕성)'. 이들의 영어 이름은 모두 그리스·로마신화에 나오는 신들의 이름에서 유래했다.

수성은 영어로 '머큐리(Mercury)'인데 로마 전령의 신 '메르쿠리우스((Mercurius)'에서 따왔다. 메르쿠리우스는 많은 신과 교류하면서 서로의 소식을 전하기 때문에 한 곳에 오래 머물지 못한다. 수성은 새벽과 초저녁에만 잠깐 보이는데 로마인들은 이런 모습이 분주해 보였고, 전령의 신과 같다고 해서 그의 이름을 붙였다고 한다.

금성은 '비너스(Venus)'인데 미(美)의 여신 '베누스(Venus)'에서 유래했다. 금성은 태양계 행성 중 가장 밝고 은은한 빛을 띠고 있어 아름다운 행성으로 통한다. 그래서 아름다움을 상징하기 위해 미의 여신 이름을 붙였다.

지구는 잘 알다시피 '어스(Earth)'이다. 이는 고대 게르만족의 언어 '땅', '대지'를 뜻하는 말이기도 하다. 어스는 로마신화에 나오는 대지의 여신 '텔루스(Tellus)'에서 유래했는데 로마식으로는 '가이아(Gaia)'라고 부른다. 텔루스는 '만물의 어머니'이자 '신들의 어머니'로 불린다. 만물이 소생하는 지구의 모습이 대지의 여신과 같다고 해서 붙여진 이름이다.

영어로 '마스(Mars)'인 화성은 전쟁의 신 '마르스(Mars)'에서 따왔다. 마스는 그리스에서 '아레스(Ares)'로 불리는데 화성 특유의 붉은빛이 공포감과 피로 물든 전쟁터를 연상케 해 전쟁의 신 이름을 붙였다고 한다.

목성은 '주피터(Jupiter)'이다. 로마신화에서 최고의 신인 '유피테르(Jupiter)'에서 유래했는데, 그리스식으로는 '제우스(Zeus)'라고 불린다. 제우스는 천둥을 다스리는 천공의 신이기도 한데 태양계에서 가장 큰 행성인 목성에 걸맞게 최고의 신 이름을 붙인 것이다.

토성은 '새턴(Saturn)'으로 '사투르누스(Saturnus)'에서 따왔다. 그는 로마에서 농업의 신으로 불리는데 제우스에게 쫓겨 이탈리아로 도망친 뒤 로마인들에게 농경법을 알려줬다고 한다.

'우라너스(Uranus)'인 천왕성은 하늘의 신 '우라노스(Ouranos)'에서 유래했다. 우라노스는 아들인 사투르누스(토성)로부터 추방당한 신이다. 토성보다 멀리 있는 천왕성의 모습이 쫓겨난 것처럼 보여 그의 이름이 붙여졌다.

해왕성은 영어로 '넵튠(Neptune)'이다. 바다의 신 '넵투누스(Neptunus)'의 이름을 땄다. 그리스식으로는 '포세이돈(Poseidon)'이라고 불리며, 해왕성의 푸른 표면이 바다와 같다고 해서 바다의 신 이름을 사용했다.

2006년까지 태양계 행성이었지만 지금은 행성에서 제외되고 소행성으로 분류된 명왕성은 '플루토(Pluto)'이다. 로마식으로도

'플루토'라고 불리며 그리스식으로는 '하데스(Hades)'라고 한다. 플루토는 죽음과 지하 세계를 관장하는 신인데 그의 이름이 명왕성으로 쓰인데는 특별한 이유가 없다고 한다. 1930년에 명왕성이 발견됐을 때 천문학자들이 논의 끝에 '플루토'라는 이름을 붙였다.

동양에서는 음양오행설을 바탕으로 '화(火·불)', '수(水·물)', '목(木·나무)', '금(金·쇠)', '토(土·흙)'를 붙였다. 수성·금성·화성·목성·토성은 고대 동양에서도 쉽게 관측돼 오래전부터 이렇게 명명했다. 그런데 고대 동양에서는 천왕성과 해왕성, 명왕성은 발견하지 못해 서양의 천문학이 들어올 때 서양식 이름을 번역한 것이다. 우리가 사는 이곳 행성은 '둥근 공 모양의 땅'이라는 뜻으로 '지구(地球)'라고 이름을 지었다.

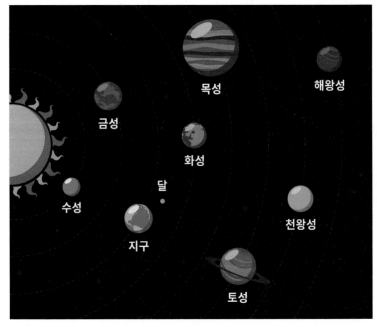

태양과 그 주변을 공전하는 행성들

단주기 혜성의 기원 카이퍼 벨트

태양계의 가장 끝에 있는 행성 해왕성 바깥쪽에는 작은 천체들의 집단이 있다. 바로 '카이퍼 벨트(Kuiper Belt)'라고 불리는 곳이다. 카이퍼 벨트가 태양계의 가장 끝은 아니다. '오르트 구름'이 태양계의 가장 외곽이고 그 안쪽에 카이퍼 벨트가 위치하고 있다. 해왕성 궤도 바깥 황도면 부근에 천체가 둥근 도넛 모양으로 밀집된 영역인 카이퍼 벨트에 있는 천체들은 주로 물과 얼음으로 구성된 작은 소행성들이다. 카이퍼 벨트는 '단주기 혜성'의 기원으로 알려져 있으며 오르트 구름과 연결돼 있을 것이라고 천문학자들은 추측한다. 단주기 혜성이란 태양 둘레를 한 바퀴 도는 공전 주기가 200년 미만인 혜성을 말한다. 과거에는 모든 혜성의 기원이 오르트 구름일 것이라고 생각했다.

하지만 단주기 혜성의 궤도 경사각이 0에 가깝다는 점에서 단주기 혜성의 기원은 원형인 오르트 구름이 아니라 원반형인 카이퍼 벨트일 것이라는 주장에 더 무게가 실리고 있다. 특히 1992년에 '1992QB1'이라는 소행성이 발견됐는데 이후 카이퍼 벨트에 수많은 천체가 존재한다는 사실을 알게 됐고 이곳이 단주기 혜성의 기원임이 유력해졌다.

1951년 미국의 천문학자 제라드 카이퍼가 처음으로 그 존재를 제기한 카이퍼 벨트는 지구와 너무 멀어 어떤 천체들이 있는지 정확히 알 수 없었다. 카이퍼 벨트는 태양으로부터 대략 30AU~50AU 정도 거리에 있다. 1AU는 태양과 지구와의 거리다. 이처럼 카이퍼 벨트는 너무 멀다 보니 관측하기도 힘들었다. 이에 천문학자들은 카이퍼 벨트에는 희미하고 작은 천체들이 어둠 속에서 떠돌고 있을 것이라고 추측했다. 하지만 과학자들의 생각과는 달리 이곳에는 1km 안팎의 작은 천체는 의외로 적다는 사실이 근래 들어 밝혀졌다. 지난 2019년 3월 미국 사우스웨스트연구소의 켈시 싱어 박사가 이끄는 연구팀이 이 같은 사실을 알아냈는데 연구팀은 미국 항공우주국(NASA·나사)의 탐사선 '뉴호라이즌'호가 2015년 명왕성을 지나면서 촬영한 사진을 분석해 이런 결론을 얻었다.

싱어 박사 연구팀은 망원경으로 관측이 어려운 카이퍼 벨트의 작은 천체를 직접 세는 대신 명왕성과 그 위성 '카론' 표면에 있는 충돌구를 통해 카이퍼 벨트 내 천체의 분포를 추론하는 간접적 방식을 활용했다. 뉴호라이즌이 명왕성과 카론을 지나며 찍은 이미지는 1.4km 크기의 분화구까지 잡아낼 수 있었다. 이는 약 100m 크기의 천체가 충돌할 때 생기는 것이다. 싱어 박사 연구팀이 이런 사진을 판독한 결과 2km 이상의 천체가 충돌해 만든 13km 이상의 충돌구는 이전에 예상되던 것과 비슷한 분포를 보였지만, 91m ~1.6km 크기 천체가 만든 작은 충돌구는 극도로 적었다. 그리고 연구팀은 명왕성과 카론의 충돌구가 카이퍼 벨트 천체의 분포를 나타내는 것으로 해석해 1km 안팎의 천체가 드물다는 결론을 내렸다. 이는 목성과 화성, 지구 등에 충돌한 소행성 벨트의 천체와는 다소 다른 것이다.

카이퍼 벨트에 대해서는 아직도 많은 연구가 진행 중이다. 카이퍼 벨트는 오르트 구름처럼 베일에 가려진 게 많아 앞으로도 수십

년은 연구해야 되는 영역이다. 태양계를 둘러싼 카이퍼 벨트와 오르트 구름. 그 경계를 벗어나면 어떤 우주가 펼쳐져 있을지 오늘도 과학자들은 이 궁금증을 풀기 위해 먼 그곳을 주시하고 있다.

카이퍼 벨트

수수께끼 품은 태양계 끝자락 오르트 구름

우리 태양계는 태양을 중심으로 수성·금성·지구·화성·목성·토성·천왕성·해왕성 등 8개의 행성과 세레스·명왕성 등 왜행성, 그 외 크고 작은 소행성 등으로 구성되어 있다.

태양계의 가장자리라고 하면 대체로 명왕성을 떠올리곤 하는데 천문학계에서는 '오르트 구름(Oort cloud)'이라는 곳을 가장자리로 본다. 오르트 구름은 장주기혜성(태양 공전 주기가 200년 이상인 혜성)의 기원으로 알려져 있으며 태양계를 껍질처럼 둘러싸고 있다고 생각되는 가상적인 천체 집단이다. 이곳은 수천 개에서 수억 개의 크고 작은 천체들로 이뤄졌을 것으로 추정된다.

네덜란드의 천문학자 얀 오르트가 1950년에 장주기혜성과 비장주기혜성의 기원을 발표하며 '오르트 구름'이라는 이름이 붙었다. 오르트 구름은 일반적으로 태양에서 약 1만AU 혹은 태양의 중력이 다른 항성(별)이나 은하계의 중력과 같아지는 약 10만AU 안에 둥근 껍질처럼 펼쳐져 있다고 천문학계는 추측한다. 1AU는 태양과 지구 사이의 거리를 뜻하는 천문단위로 약 1억 5,000만km 정도 된다. 오르트 구름은 인류가 직접 관측한 게 아니기 때문에 그 존재는 가설이지만 혜성의 궤도 장반경과 궤도 경사각의 통계를 기초했다. 이에 학계에서는 오르트 구름에 대한 가설을 확실시하고 있다. 오르트 구름의 기원은 태양계의 형성과 진화의 과정에서 현재의 목성 궤도 부근부터 해왕성 궤도 부근까지 존재하고 있던 작은 천체들이 거대 행성의 중력과 태양계를 지나가던 주변 항성이나 가스 구름에 의해 궤도 요소가 바뀌어 지금의 형태로 됐다는 설이 유력하다. 오르트 구름의 존재를 고려한다면 태양계의 범위는 일반인들이 흔히 생각하는 범위보다 아주 많이 커진다. 앞서 말한 것처럼 보통 태양계의 끝이라고 하면 명왕성 언저리 정도를 생각할 수 있지만, 천문학계에서는 오르트 구름까지라고 보는 경우도 있기 때문이다. 일반적으로 생각하는 태양계의 크기는 좁겠지만 태양계 끝을 오르트 구름까지라고 본다면 그 범위는 그야말로 광대해진다.

현재 인류가 우주로 보낸 탐사선 가운데 가장 멀리 가 있는 게 '보이저 1호'인데, 이 탐사선은 1977년 9월에 지구를 떠났다. 보이저 1호는 1990년 5월에 명왕성을 지났는데 이때 '최초로 태양계를 벗어난 탐사선'이라고 했다. 틀린 말은 아니지만 일부 천문학자들은 보이저 1호가 오르트 구름을 벗어나야 실제 태양계를 빠져나간 것이라고 말한다. 보이저 1호가 오르트 구름 안쪽 경계면에 도달하는 시기는 2310년쯤이며, 오르트 구름을 완전히 벗어나려면 3만 년 정도가 걸린다. 이렇게 생각하면 태양계도 넓다고 볼 수 있다. 물론 우주 전체적으로 보면 태양계는 먼지보다 작은 점에 불과하지만 지구의 관점에서는 어마어마한 크기는 맞다.

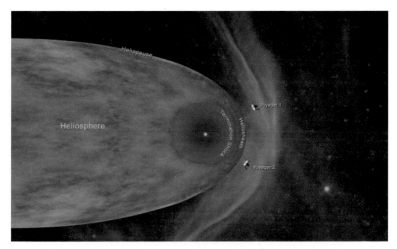

태양권 외부에 있는 보이저 1호(위쪽)와 2호의 위치를 보여 주는 그림
/그래픽 출처=나사

　오르트 구름은 크게 두 영역으로 나뉜다. 약 2만~3만AU를 기준으로 '안쪽 오르트 구름(inner Oort cloud)', 2만~3만AU 밖의 영역은 '바깥 오르트 구름(outer Oort cloud)'이라고 부른다. 안쪽 오

르트 구름은 '힐스 구름'이라고도 하는데, 이를 연구한 천문학자 잭 힐스의 이름을 딴 것이다.

안쪽 오르트 구름 시작점은 천문학자마다 기준이 다른데 해왕성 궤도 바깥쪽인 약 100AU를 기준으로 하는 경우도 있고, 약 2,000AU 정도부터가 시작점이라는 시각도 있다. 또 어디까지가 오르트 구름의 끝인가 하는 문제도 있는데 역시 천문학자들마다 의견이 갈린다. 고전적인 의견은 약 5만AU(약 0.8광년)까지로 보고, 일부 천문학자들은 태양의 인력이 다른 항성의 인력과 같아지는 지점인 약 10만AU까지로 보기도 한다. 어떤 천문학자는 우리 태양계의 이웃 태양계(항성계)인 알파 센타우리까지 거리의 절반인 약 13만AU를 오르트 구름의 끝이라고 주장하기도 한다.

오르트 구름은 지구에서 너무 멀리 떨어져 있어 아직 탐사가 이뤄지지 못해 이에 대한 정보는 거의 없는 실정이다. 앞서 언급한 보이저 1호가 오르트 구름에 도달하려면 300년 정도가 걸리고 오르트 구름을 벗어나려면 3만 년 정도가 소요되니 이곳에 대한 정보를 제공할 가능성은 없다. 하지만 우주에 대한 인류의 호기심은 끝이 없고, 이를 알아내기 위한 도전은 계속 되고 있어 수세기가 지난 후 우리의 후손들이 오르트 구름에 대해 자세히 밝혀낼 수도 있겠다.

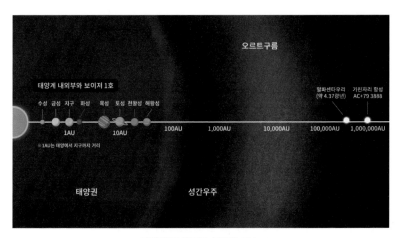

태양계와 오르트 구름의 모습

제3부

· ·

과학자들 관심받는 목성과 토성의 위성들,
생명체 존재 기대감 가득

생명체 거주 가능성 높은 목성의 위성 가니메데

목성의 위성 가니메데/사진 출처=나사

지구의 위성은 달 1개뿐이지만 태양계 다른 행성들은 많은 위성을 거느리고 있다. 목성의 경우 현재까지 발견된 위성이 95개이다. 목성의 많은 위성 중 우주과학자들이 주목하는 것 하나가 '가니메데(Ganymede)'다. 가니메데는 1610년 갈릴레오 갈릴레이에 의해 발견된 4개의 위성 중 하나다. 당시 갈릴레이는 가니메데 외 '이오', '유로파', '칼리스토'라는 위성도 함께 발견했다. 이에 가니메데와 이오, 유로파, 칼리토스를 '갈릴레이 위성'이라고 부른다. 가니메데 지름은 5,262km로 현재까지 발견된 태양계 위성 중 가장 크다. 가니메데는 수성보다 8% 더 크고, 지구의 위성인 달보다는 2배 더 크다. 행성급 크기인 가니메데가 목성이 아닌 태양 주위를 공전한다면 행성으로 분류됐을 것이다.

가니메데는 대기층이 옅은데 100% 산소로 이뤄져 있어 태양 빛을 잘 반사해 매우 밝다. 이 위성은 아주 밝기 때문에 고성능의 망원경이 아니더라도 관측할 수 있다. 가니메데의 궤도는 목성에서 평균 107만 400km 떨어져 있으며, 갈릴레이 위성 중에서는 목성에서 세 번째 위치에서 공전하고, 목성 주변을 7일 3시간 주기로 돌고 있다. 가니메데는 지구의 달처럼 조석 고정되어 있기 때문에 한 면이 항상 목성을 바라본다.

목성의 위성들 중 우주과학자들에게 있어 가니메데는 유로파만큼이나 관심을 끌고 있다. 유로파는 생명체가 있을 것이라고 추측되는 위성인데, 가니메데 역시 최근 들어 생명체 거주 가능성이 높은 위성으로 판명됐기 때문이다. 미국 나사의 제트추진연구소에 따르면, 가니메데 표면은 얼음과 먼지로 덮여 있는데 그 아래에는 넓은 바다와 여러 층의 얼음층이 있어 원시 생명체가 있을 가능성이 높다. 2023년 4월에는 유럽우주국이 목성 탐사선 주스를 보냈는데 2031년 목성에 도착해 얼음으로 뒤덮인 유로파와 가니메데, 칼리토스 등 3개의 위성을 탐사할 예정이다. 2031년이면 가니메데를 비롯한 갈릴레이 위성의 베일이 벗겨질 텐데 과연 생명체가 있을지, 또 있다면 어떤 모습일지 벌써부터 궁금해진다.

화산 활동이 활발한 '불의 천체' 이오

목성의 위성 이오/사진 출처=나사

이오는 가니메데처럼 갈릴레오 갈릴레이가 발견한 것으로 '갈릴레이 위성' 가운데 하나이다. 지름이 3,642㎞로 지구의 위성 달보다 약간 큰 이오는 지금까지 발견된 활화산만 400여 개로, 태양계에서 화산 활동이 가장 활발해 '불의 천체'라고 불린다. 이오는 화산 활동이 활발해 뜨거울 것 같지만 실제로는 차갑다. 태양 빛을 받지 못하기 때문이다.

이오 표면의 평균 온도는 영하 163도이며, 최고 온도는 영하 143도, 최저 온도는 영하 183도이다. 이 때문에 화산 폭발물은 빠르게 냉각되고 유리 휘장 같은 물질들이 생성돼 반짝반짝 빛나는 것이다. 즉 화산 폭발은 활발하지만 아주 빠르게 식는 것이다. 이오의 화산 활동은 목성의 강력한 기조력에 의한 것인데, 목성의 인력과 바깥 궤도를 도는 다른 위성의 인력이 상호작용해 중간에 낀 이오는 궤도를 돌면서 직경이 수백 미터씩 늘었다 줄었다를 반복한다. 이로 인한 마찰력으로 이오 내부에서는 열이 발생하고 행성 내부의 물질이 녹아 화산 활동이 발생하는 것이다.

이오의 화산은 지구의 화산보다는 간헐천에 더 가까운 양상을 보인다. 분출공 중심의 온도가 대략 1,200도 정도로 추정된다. 그리고 화산에서 분출되는 물질은 최대 500km까지 상승해 지구의 화산과는 비교도 안 될 만큼 엄청난 규모를 보여 준다. 이오의 표면에는 100개 이상의 산이 곳곳에 존재하고, 일부 산은 지구의 에베레스트산(8,848m)보다 더 높다.

2023년에는 이오의 생생한 모습이 공개되기도 했다. 미국 나사의 목성 탐사선 주노가 2023년 10월 15일 이오를 역대 가장 가까운 거리인 1만 1,645km 지점까지 근접 비행하면서 사진을 촬영했다. 사진 속의 얼룩덜룩한 무늬는 화산 활동으로 분출된 용암이다. 2022년 말부터 이오 근접 비행을 시작한 주노는 그해 12월 8만km, 2023년 5월 3만 5,000km, 7월 2만 2,000km 등으로 횟수를 거듭할수록 이오와의 거리를 좁혀가고 있다. 나사는 근접 비행을 통해 이오의 고해상도 사진을 확보하고 이오의 화산 폭발이 목성의 강력한 자기장과 오로라에 끼치는 영향을 분석할 계획이다.

생명체 거주 가능성 높아 우주과학계 주목받는 유로파

목성의 위성 유로파/사진 출처=나사

　목성의 위성 가운데 하나인 '유로파(Europa)'는 전체 지름이 3,122km로 갈릴레이 위성(갈릴레오 갈릴레이가 발견한 목성의 4대 위성. 가니메데·이오·유로파·칼리스토) 중 가장 작다. 태양에서 멀리 떨어진 유로파의 평균 온도는 영하 171.15도이며, 최고 온도는 영하 148도, 최저 온도는 영하 223도다. 표면이 얼음으로 된 유로파는 오래전부터 우주과학자들의 관심 대상이었고, 최근에는 더욱 주목받고 있는데, 이 위성에 생명체가 살고 있을 가능성이 높기 때문이다. 천문학자들은 유로파에 15~20km의 얼음층 아래에 지구 바다의 2배가 넘는 액체 상태의 지하 바다가 수십km 깊이에 걸쳐 있는 것으로 추정하고 있다.

　그러나 지금까지 이 바다에서 생명체 존재 가능성을 높이는 화학 물질을 확인하지는 못했다. 그러다 미국 나사 연구진이 유로파에서 그런 물질을 찾아냈다.

2023년 9월 나사는 제임스웹우주망원경의 근적외선 카메라와 분광기를 이용해 유로파 표면에서 이산화탄소를 식별해 냈다고 국제 학술지 〈사이언스〉에 발표했다.

나사 연구진에 따르면, 이 탄소가 운석이나 다른 천체에서 온 것이 아니라 지하 바다에서 얼음층을 뚫고 스며 나왔을 가능성이 높다. 다른 원소와 쉽게 결합하는 탄소는 생명체를 구성하는 6대 필수 원소(탄소·수소·산소·질소·황·인) 가운데서도 가장 중심에 있는 원소이다. 나사의 이번 관측에서 이산화탄소가 가장 풍부한 곳으로 확인된 것은 혼돈 지형이라고 불리는 타라 레지오라는 지역이다. 혼돈 지형이란 여러 지형 특징이 뒤섞인 곳이라는 뜻으로 지질학적 생성 연대가 오래지 않은 지역에서 나타나는 특징이다. 연구진은 이로 인해 얼음층에 균열이 생겨 지하 바다의 물질이 표면으로 올라왔을 것으로 보고 있다.

이와 관련해 사만타 트럼보 미국 코넬대 교수는 "허블우주망원경은 이 지역에 바다에서 유래한 소금이 있다는 증거를 확인했고, 이어 제임스웹망원경이 이산화탄소가 풍부하게 농축되어 있다는 걸 보여 줬다"며 "이는 탄소가 지하 바다에 기원을 두고 있다는 걸 의미한다"라고 설명했다.

나사 연구진은 이 관측에서 제임스웹의 분광기를 이용해 지름 3,130km인 유로파 표면 전체의 스펙트럼을 해상도 320km 크기 단위로 확보해, 어떤 물질이 어디에 분포돼 있는지 확인할 수 있었다. 분광기는 각 물질에서 나오는 고유의 빛 파장을 분석해 어떤 물질이 있는지 알아내는 장치이다. 분석 결과 유로파 표면의 이산화탄소는 젊은 지형에 집중되어 있었으며 안정화된 상태가 아니었다. 이는 이 물질이 지질학적으로 비교적 최근에 생성됐음을 뒷받침해 주는 것이다. 유로파 바다에 생명체가 존재할 수 있는 환경이 있을 가능성에 힘을 실어 주는 징표이다.

앞서 나사의 목성 탐사선 갈릴레오는 2003년 유로파를 근접 비행하면서 표면에서 이산화탄소를 감지한 바 있다. 이번 제임스웹 망원경의 관측은 탄소가 어디에서 유래했는지에 대한 증거를 확보했다는 의미가 있다. 탄소의 기원은 유로파의 생명체 존재 가능성을 추정하는 데 중요한 잣대이기 때문이다. 나사는 유로파가 생명체에 적합한 조건을 갖추고 있는지 조사할 탐사선 '유로파 클리퍼'를 발사할 계획이다. 그런데 일부 우주생물학자들은 유로파 탐사를 반대하기도 한다. 유로파에 생명체가 있을 경우 지구의 탐사선에 의해 생태계가 교란될 수 있기 때문이라는 게 그 이유다.

우주생물학자들은 이 위성의 생태계는 거의 완벽하게 닫혀 있다고 보고 있는데, 지구의 탐사선이 유로파의 얼음을 뚫고 들어간다면 탐사선에서 묻어간 지구의 바이러스, 박테리아와 우주방사선 등이 그 생태계에 어떤 영향을 줄지 알 수 없다.

이런 비슷한 사례는 지구에서도 많다. 대표적으로 과거 대항해 시대에 당시 유럽인과 아메리카 원주민이 서로 내성이 없는 질병을 교환해 서로 대규모 인명 피해를 본 적이 있다.

만약 유로파에서 생명체가 발견된다면 이를 연구하려는 과학계 그룹과 이를 반대하려는 그룹이 충돌할 수 있겠다. 그러나 인류의 최대 관심사 중 하나인 외계 생명체에 대한 비밀을 푸는 것에 점점 더 다가가고 있으니 유로파 탐사는 기대해 볼 만한 일이다. 만약 유로파에서 생명체가 발견된다면 지구는 우주에서 더 이상 외로운 행성은 아닐 것이다.

달보다 더 밝게 빛나는 목성의 위성 칼리스토

목성의 위성 칼리스토/사진 출처=나사

목성의 위성인 '칼리스토(Callisto)'도 갈릴레이 위성 중 하나이다. 태양계 행성의 위성 중 큰 편에 속하는 칼리스토는 지름이 4,821km로 지구의 위성 달보다 크다.

이 위성은 지구에서 천체망원경으로 관측이 가능하며 달보다 더 밝게 빛난다. 암석과 얼음으로 표면이 이뤄져 있으며, 목성의 다른 위성들처럼 크레이터(화산 폭발, 운석 충돌, 핵폭발 등 거대한 충격으로 인해 천체 표면에 생겨나는 거대한 구덩이)가 많이 발견된다. 칼리토스의 크레이터는 거의 포화 상태에 이르렀을 정도다.

칼리토스의 온도는 평균 영하 139도, 최저 영하 193도, 최고 영하 108도로 다른 갈릴레이 위성처럼 추운 천체다.

1990년대 후반부터 칼리스토의 지면 아래에 바다가 존재할 수도 있다는 가설이 생겨났다. 이후 추가적인 연구를 통해 목성의 자기장이 칼리스토를 관통하지 못하는 것을 발견했다. 또 칼리스토 내부에 전도성 유체가 있다는 것이 발견돼 이 유체가 암모니아와 소금 성분 등을 포함하고 있는 바다라는 가설이 제기된 것이다. 만약 얼음 밑에 바다가 존재한다고 해도 내부의 미약한 열 때문에 생명체가 있을 확률은 낮다고 한다. 생명체 거주 가능성이 별로 없어서인지 이 위성은 우주과학자들에게 크게 주목받지 못하고 있다.

칼리스토는 네 개의 갈릴레이 위성 중 가장 바깥쪽에서 목성을 공전한다. 목성으로부터 188만km 떨어져서 목성 주위를 돌고 있다.

칼리스토는 이산화탄소로 구성된 매우 미약한 대기권을 가지고 있다. 대기는 대부분 이산화탄소인데 약간의 산소도 존재한다. 이곳의 대기권은 매우 옅어서 생성 이후 4일 이내로 모두 날아가고, 얼음 지각에서 천천히 승화되는 이산화탄소가 지속적으로 대기권을 보충해 주는 것으로 과학자들은 추측하고 있다.

토성 옆을 지나고 있는 타이탄/사진 출처=나사

지구의 위성은 '달' 1개이지만 토성은 100개가 넘는다. 지금까지 발견된 토성의 위성은 145개로 태양계에서 가장 많다. 토성의 많은 위성들 중 '타이탄'과 '엔셀라두스'라는 위성이 있는데 이것들은 천문학계의 큰 관심을 받고 있다. 두 위성에 생명체가 있을 가능성이 높기 때문이다.

타이탄은 지름이 5,151km로 태양계 위성 중 목성의 위성 가니메데에 이어 두 번째로 크다.

타이탄은 태양계 천체 중 오렌지빛 대기가 있는 희귀한 위성이다. 토성 주변을 도는 공전 주기는 16일이며, 평균 온도는 영하 179.5도, 대기 조성은 98.4%가 질소이고 나머지는 메탄과 수소로 이뤄져 있다. 특히 이 위성은 기압이 높은데 평균 146.7킬로파스칼(kPa)로 지구의 평균 기압(101.3kPa)보다 1.4배나 높다. 이처럼 타이탄은 기압이 높고 대기는 짙으며 기온이 낮아 '차가운 금성'이라고도 불린다.

타이탄은 이런 험한 환경 때문에 과학자들은 생명체 존재 가능성이 희박하다고 봤었다. 지구의 경우 태양과 가깝고 적당한 온도 덕분에 각종 유기화합물이 활동할 수 있는 조건이어서 생명체가 생겨났지만, 타이탄은 지구의 환경과 너무 다르다. 하지만 근래 들어 타이탄에 탄화수소 화합물과 나이트릴, 소량의 산소화합물이 발견되면서 생명체가 존재할 수 있는 유력한 후보지로 주목받고 있다. 과학자들은 타이탄에 지표뿐 아니라 지표 아래 바닷물이 있을 것으로 추정하고 있어 생명체 거주 가능성이 매우 높은 곳이다.

타이탄에서 활동 예정인 드래곤플라이의 착륙 과정과 활동 모습 상상도
/사진 출처=나사

　미국 나사는 타이탄에서 생명체를 찾기 위한 계획을 진행해 나
가고 있다. 2023년 3월에는 타이탄의 하늘을 날게 될 무인 드론
탐사선 '드래곤플라이(Dragonfly)'의 풍동 시험을 성공적으로 마
치기도 했다. 드래곤플라이는 2027년 지구에서 발사돼 타이탄에
서 활동하게 될 자동차 크기의 무인 드론이다.

　나사는 랭글리연구센터에서 드래곤플라이의 로터 작동을 포함
해 타이탄의 대기 조건에서도 원활히 비행할 수 있는지 시뮬레이
션하는 풍동 시험을 진행했다. 풍동 시험은 공기 중을 운행하는
물체에 작용하는 공기력, 압력, 유속 등을 평가하기 위해서 물체
를 고정하고 바람을 흐르게 하는 테스트이다. 당시 총 4번의 테스
트가 진행됐고, 이 중 2번은 가로 4.2m, 세로 6.7m 크기의 아음
속(亞音速·음속보다 조금 느린 속도) 터널에서, 2번은 약 4.8m 트랜
소닉 다이나믹스 터널(TDT)에서 진행됐다. 아음속 터널 테스트는

연구진이 개발한 유체 역할 모델을 검증하는 데 사용되며, TDT 테스트는 타이탄과 같은 무거운 대기 조건에서 드래곤플라이의 운행 능력과 컴퓨터 모델을 검증하는 데 사용된다.

잠자리 모양을 한 드래곤플라이는 모든 과학 장비를 갖춘 나사의 행성 간 회전익 탐사선으로, 타이탄 표면의 지질학적 관심 지역을 수km 비행할 수 있다. 나사에 따르면 이 탐사선은 모두 8개의 회전 날개로 구동되며, '드래곤플라이 질량 분석기(DraMS)'라는 과학 장비가 실려 있다. 타이탄은 밀도가 지구의 5배에 달하고 중력도 약해 드래곤플라이가 무거운 장비를 싣고도 자유롭게 날아다닐 수 있다고 한다.

드래곤플라이는 과학적으로 탐사 가치가 있는 곳을 찾으면 드릴로 구멍을 뚫고 1g 미만의 시료를 채취해 DraMS가 설치된 밀폐 공간 안에 넣고 레이저를 쏴 이온화함으로써 화학적 성분을 측정하게 된다. 드래곤플라이의 주요 목표 중 하나는 타이탄의 지표면에서 샘플을 추출해 분석하는 것이다. 카메라, 센서, 샘플러를 갖춘 이 탐사선은 타이탄에서 유기 물질이 포함된 것으로 알려진 지역을 집중적으로 조사할 예정이다.

주목받지 못하다 이젠 큰 관심 모으는 엔셀라두스

토성의 위성 엔셀라두스/사진 출처=나사

　엔셀라두스는 '엔켈라두스'라고 발음하기도 하는데 여기에서는 엔셀라두스로 한다. 현재까지 발견된 토성의 달(위성)은 145개로 태양계에서 가장 많다. 토성의 위성들 중 타이탄과 엔셀라두스에는 생명체가 존재할 가능성이 매우 높아 천문학계의 큰 관심을 받고 있다. 얼음으로 덮여 있는 엔셀라두스는 매우 추운 곳인데 평균 온도는 영하 198도, 최고 온도는 영하 128도, 최저 온도는 영하 240도에 달한다. 엔셀라두스의 얼음 표면 아래에는 바다가 있을 것으로 과학자들을 추측하고 있다.

　이 위성은 지름이 504km밖에 되지 않는 매우 작은 위성으로 영국보다도 작은 크기이다. 토성에서 가장 큰 위성인 타이탄의 10분의 1밖에 안 된다. 1789년 영국의 천문학자 윌리엄 허셜에 의해 발견된 엔셀라두스는 토성의 많은 위성 중 특징 없는 평범한 위성이라고 생각했다. 이에 발견 초기에는 딱히 주목을 받지 못했다.

엔셀라두스에서 물(수증기)이 뿜어져 나오고 있다./사진 출처=나사

그러다 지난 2005년부터 천문학계의 관심을 받기 시작했다. 당시 엔셀라두스 표면에서 무엇인가 뿜어져 나오는 것을 발견했는데, 과학자들은 이게 물줄기(수증기)임을 확인하고 놀라움을 감추지 못했다. 생명체 탄생·존재의 필수 요소 중 하나인 물이 엔셀라두스에도 있다는 게 확인된 것이다. 엔셀라두스는 물이 표면으로 뿜어져 나오기 때문에 생명체 존재를 확인하는 데 최적의 환경인 것이다. 2005년 이후 엔셀라두스에서는 여러 차례에 걸쳐 물줄기가 뿜어져 나오는 게 확인됐다.

2023년 6월에는 엔셀라두스에서 생명체 구성 필수 물질 중 하나인 인(phosphorus)이 고농도 인산염(phosphates) 형태로 들어 있는 것이 밝혀져 과학계가 더욱 주목하고 있다.

당시 독일 베를린자유대의 프랑크 포스트베르크 박사가 이끄는 국제 연구팀은 과학 저널 〈네이처(Nature)〉를 통해 "미국 나사의 토성 탐사선 카시니호의 관측 데이터를 분석 결과 엔셀라두스 바다에서 분출되는 얼음 알갱이의 인산염 농도가 지구 바다보다 100배 이상 높은 것으로 나타났다"라고 밝혔다. 인산염 형태의 인은 지구상 모든 생명체의 필수 물질로 DNA와 RNA는 물론 에너지 운반 물질, 세포벽, 뼈와 치아 등을 구성한다.

포스트베르크 박사 연구팀은 이 연구에서 2004년부터 2017년까지 토성 주변을 비행하며 탐사 활동을 한 카시니호에 탑재된 우주 먼지 분석기(CDA)가 엔셀라두스의 얼음 표면 균열에서 분출되는 얼음 알갱이와 수증기를 관측한 데이터를 분석했다.

그 결과 염분이 풍부한 얼음 알갱이에는 인산나트륨이 다량 함유된 것으로 나타났다. 또 실험실에서 실시한 유사 환경 모델 실험에서도 엔셀라두스의 바다에 인이 인산염 형태로 존재할 가능성이 큰 것으로 밝혀졌다.

공동 연구자인 미국 사우스웨스트연구소(SWRI)의 클리스토퍼 글라인 박사는 "2020년 지구화학 모델 실험 결과 엔셀라두스 바다에 인이 많을 것으로 추정됐다"며 "이번에 뿜어져 나오는 얼음 알갱이에서 풍부한 인을 실제로 발견했다"라고 설명했다.

그는 "엔셀라두스 바닷물의 인산염 농도는 지구 바다보다 최소 100배 이상 높았다"면서 "모델 실험에서 예측된 인산염 증거가 실제 발견된 것은 매우 흥미로운 것이며 우주생물학과 지구 밖 생명체 찾기에서 중요한 진전이다"라고 평가했다.

그동안 태양계 천체 연구에서는 얼음 표면 아래에 바다가 있는 곳이 다수 확인됐다. 목성의 달 유로파와 토성의 달 타이탄과 엔셀라두스, 명왕성 등이 이에 속하며 과학자들은 얼음 아래 액체 바다에 생명체가 존재할 가능성에 주목해 왔다. 미국은 엔셀라두스에 무인 탐사선을 보내 그곳의 환경과 생명체 존재 여부를 직접 확인할 계획이다.

엔셀라두스를 탐사하게 될 나사의 '뱀 로봇'이 얼음 땅에서 성능 시험을 하고 있다.
/사진 출처=나사

2023년 5월 나사의 제트추진연구소(JPL)는 'EELS(Exobiology Extant Life Surveyor)'라고 불리는 로봇을 공개했는데 바로 엔셀라두스 탐사에 투입될 로봇이다. EELS는 '우주생물학 현존 생명체

감독관'이라는 뜻이다. 이 로봇에서 가장 눈에 띄는 점은 겉모습이다. 로봇은 모두 10개의 짧은 막대가 관절을 통해 기차처럼 일자로 연결된 몸통을 지녔고, 길이는 4m, 중량은 100kg에 달한다. 길쭉한 모습을 하고 있어 '뱀 로봇'이라고도 불린다.

이 로봇은 엔셀라두스 지상의 장애물을 극복하고 궁극적으로 지하 바다까지 들어가 탐사 활동을 한다. 엔셀라두스에는 바다에서 솟아오른 수증기가 얼음 지각 밖으로 분출하는 간헐천이 있는데 로봇은 이곳을 진입구 삼아 바다로 들어갈 예정이다.

이 로봇은 지구에서 원격 조종하지 않고 자율 운행을 하는데 그이유는 먼 거리 때문이다. 지구와 엔셀라두스의 거리는 약 12억 km로 지구의 관제소가 전파를 쏴 작업 지시를 하고, 지시 내용을 이행했는지 보고받으려면 짧아도 총 2시간이 걸린다. 로봇은 엔셀라두스에서 지구의 지시 없이 스스로 이동 방향을 정하고 장애물 등 난관을 만나면 알아서 해결한다.

나사가 당장 로봇을 엔셀라두스로 보내는 것은 아니다. 이제 시제품이 나왔기 때문에 앞으로 눈과 얼음이 쌓인 산과 들판에서 여러 가지 시험을 거쳐야 한다.

. . . .

제4부

인류가 처음 밟아 본 지구 외 천체 '달'

달을 향한 인류의 여정… 반세기만에 다시 달로

최근 달에 대한 관심이 높아졌다. 우리나라가 달 탐사선 '다누리'를 달에 보냈고, 나사는 다시 달에 사람을 보내는 프로젝트를 추진 중인 가운데 최근 새로운 우주복을 공개하기도 했다.

나사는 오는 2025년 달에 사람을 보낼 계획이다. 계획대로라면 반세기를 넘겨 53년 만에 다시 인류가 달에 가는 것이다. 인류가 처음 달을 밟은 건 1969년이었고, 마지막으로 달에 다녀온 것은 1972년이다. 1960~1970년대 진행된 미국의 달 착륙 계획을 '아폴로 프로젝트'라고 한다. 미국은 아폴로호를 1호부터 17호까지 쏘아 올렸는데, 그 중에서 11호와 12·14·15·16·17호가 달에 착륙했다. 달을 밟은 우주 비행사는 총 12명이다.

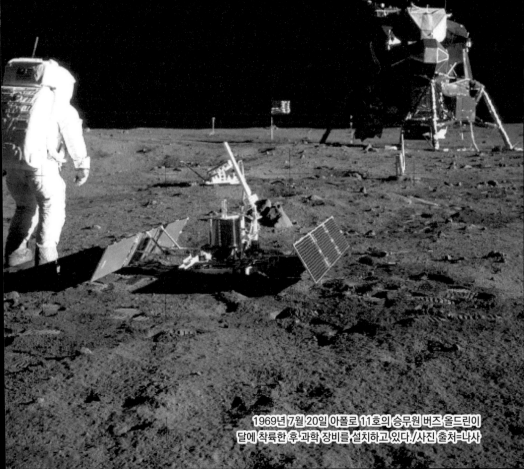

1969년 7월 20일 아폴로 11호의 승무원 버즈 올드린이 달에 착륙한 후 과학 장비를 설치하고 있다./사진 출처=나사

아폴로 11호 이후 17호까지 달을 다녀왔는데 이 가운데 13호는 달에 착륙하지 못했다. 1970년 4월 11일 미국 플로리다 케네디우주센터에서 발사된 아폴로 13호는 발사 이틀 후 기계선의 산소탱크가 폭발하면서 우주선의 산소가 누출됐다. 결국 나사는 아폴로 13호의 달 착륙을 포기하고 4월 17일 지구로 귀환시켰다. 이에 아폴로 13호의 지구 귀환을 두고 '성공적인 실패'라고 말한다.

아폴로 13호의 귀환은 우리 생각처럼 중간에 다시 되돌아오는 단순한 경로가 아니었다. 자칫 우주에서 사람이 죽을 수 있었던 아찔한 순간이 많았는데 나사의 노력 끝에 질 벨러와 잭 스위거트, 프레드 헤이스 등 3명의 승무원은 지구로 무사히 돌아왔다. 이런 내용은 1995년 개봉한 영화 〈아폴로 13〉으로 만들어졌다.

애초 미국의 달 착륙은 달의 경제적·우주적 가치보다는 정치적 논리로 추진됐다. 1960년대 미국과 러시아(구 소련)는 우주 경쟁을 벌이고 있었는데 러시아가 미국보다 먼저 인공위성 발사에 성공하자 미국은 발등에 불이 떨어졌던 것이다. 이에 미국 정부는 1960년대 안에 사람을 달에 보내겠다며 아폴로 프로젝트를 추진하게 된다. 그러나 너무 성급하게 추진했던 탓에 아폴로 프로젝트는 훈련 도중 우주비행사가 사망하는 등 엄청난 우여곡절을 겪게 되고 아폴로 11호가 가까스로 달에 착륙한다. 달에 내린 아폴로 11호 승무원들은 총 2시간 40분을 달에서 활동했는데 당시 달 착륙은 정치적 목적이 컸기 때문에 암스트롱과 올드린은 미국 국기를 달 표면에 세우는 데 20여 분을 할애할 정도였다. 그때의 달 착륙 목표는 미국 국기를 달에 꽂는 것이었기 때문이다.

미국이 이번에 달에 가는 것은 이제 달의 자원과 경제적, 우주 과학적 가치를 바탕에 두고 있다. 달에 첫발을 디뎠던 반세기 전보다는 기술이 월등하게 발전했다. 아마 우리는 안방에서 스마트폰으로 달 착륙 장면을 보게 될 것이다. 반세기 전과 같은 흐릿한 흑백 화면이 아닌 생생한 고화질로 말이다. 나사의 이번 달 착륙 계획은 '아르테미스 프로젝트'라고 명명됐다. 아폴로 프로젝트의 후속인 아르테미스는 단순히 사람을 달에 보내는 게 아니라 2028년까지 달에 유인 우주기지를 건설하는 게 목표다.

그런데 나사가 다시 달에 가는 지금도 "달 착륙은 미국의 조작이다"라고 우기거나 이를 믿는 사람들이 있다. 하지만 아폴로 프로젝트를 조금만 들여다보고 약간의 과학적 지식만 습득하면 반세기 전에 정말로 인류는 달에 다녀왔다는 것을 알 수 있다. 미국의 달 착륙 증거는 차고 넘치기 때문이다.

달 착륙은 사기극? …과학적 근거로 본 진실은

반세기 전 달성한 인류의 위대한 업적 달 착륙. 1969년 7월 20일 나사의 우주비행사 닐 암스트롱과 버즈 올드린이 달에 발을 내디뎠을 때 세계는 흥분했다. 당시 이들의 달 착륙을 지켜본 전 세계 시청자들은 6억 5,000만 명이었다. 그런데 이런 엄청난 성과에 대해 아직도 "달 착륙은 미국 정부의 조작이다"라고 말하는 사람들이 있다. 이른바 '달 착륙 날조론자'들이다.

이들은 "미국이 달에 실제로 가지 않았고 달 표면처럼 꾸며진 스튜디오에서 촬영한 뒤 마치 달에 간 것처럼 꾸며 전 세계인을 속였다", "미국은 러시아(구 소련)에 자존심을 세우고 세계에 영향력을 과시하기 위해 달에 간 것처럼 속였는데 이는 인류 대사기극이다", "미국의 달 착륙은 역사상 가장 제작비가 많이 들어간 한 편의 영화에 불과하다"라고 주장한다.

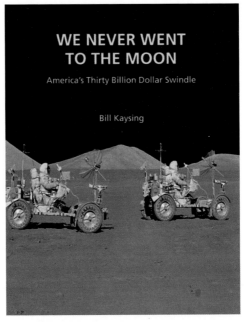

달 착륙 음모론을 처음 제기한 윌리엄 찰스 케이실의 책
《우리는 결코 달에 가지 않았다》표지/사진 출처=구글 캡처

이런 음모론은 1974년 윌리엄 찰스 케이싱이라는 사람이 처음 제기했다. 그는 《우리는 결코 달에 가지 않았다(We never went to the moon)》라는 책을 펴내면서 나름대로 달 착륙 조작에 대한 증거들을 제시했다.

이후 1990년대 후반 인터넷이 활성화되면서 전 세계적으로 이음모론이 퍼지고 주목받게 됐다. 그리고 여기에 일부 언론인과 유사 과학단체, 시민단체 등이 합세해 "미국의 달 착륙은 조작이다"라고 강력하게 주장한다.

달 착륙 날조론자들이 주장하는 조작설의 내용은 많다. 그중에서 대표적인 것들을 보면 △ 공기가 없는 달에 꽂힌 미국 국기가 펄럭인다 △ 사진 속 그림자가 여러 방향이다 △ 달 사진에 보면 별이 안 보인다 △ 컴퓨터 성능이 안 좋았던 1960년대 기술로 어떻게 달 착륙 궤도를 계산했나 △ 발사대가 없는 달에서 어떻게 다시 지구로 복귀했나 △ 아폴로 계획 이후 왜 달에 가지 않나 등이다.

그런데 조금만 안을 들여다보면 이 주장들이 모두 과학적 근거가 빈약함을 알 수 있다.

달 표면에 세워져 있는 성조기가 펄럭이는 이유는 간단하다. 달은 진공 상태이기 때문에 공기의 흐름과 바람도 없다. 깃발을 세우면 펄럭이지 않아야 하는 게 맞다. 정치적 목적이 앞섰던 달 착륙의 주된 목표는 달에 미국 국기를 세우고 전 세계에 '우리가 최초로 달에 갔다'고 과시하기 위함이었다.

그런데 깃발이 축 처져 있으면 볼품도 없고 달에 가장 먼저 갔다는 상징적인 표시도 잘 안 날 것이다. 그래서 나사는 성조기 윗부분에 막대를 꽂아 펄럭이는 것처럼 보이게 연출했다. 달 표면에 세워진 성조기 사진을 자세히 보면 막대가 꽂혀 있는 게 보인다.

1972년 12월 11일 달에 내린 아폴로 17호의 승무원 해리슨 슈미트. 그의 옆으로 보이는 성조기 윗부분에는 깃발이 펄럭이는 효과를 위해 막대가 꽂혀 있다./사진 출처=나사

그림자의 방향이 다른 것도 쉽게 설명이 가능하다. 달 표면은 울퉁불퉁하기 때문에 그림자의 방향이 다른 것이다. 특히 달 표면은 먼지로 가득 차 있고, 그 먼지들은 반사판과 같은 역할을 한다. 그래서 광원은 태양 하나일지라도 그림자의 방향은 사물의 크기

와 길이에 따라 방향이 조금씩 다르게 보일 수 있다. 이는 지구의 평지 중 울퉁불퉁한 곳에서 사진을 찍으면 똑같이 나타나는 현상이다. 달 착륙 날조론자들은 스튜디오에 조명이 여러 개 있어 그림자 방향이 다르다고 주장하는데, 만약 그렇다면 그림자도 1개 이상이어야 한다. 하지만 달 사진의 그림자는 모두 1개이다.

그렇다면 달 사진에서 하늘(뒷배경)은 까만데 왜 별은 안 보일까? 여기에는 크게 두 가지 이유가 있다.

첫째 나사의 우주비행사들이 달에 착륙한 시간은 태양이 떠 있을 때, 즉 지구로 말하면 낮 시간이었다. 낮에는 별빛이 보이지 않는 게 당연하다.

또 한 가지 이유는 카메라의 노출이다. 당시 영상과 스틸 사진은 우주비행사들이 달에서 활동하는 모습이 잘 보이게 담아야 했기 때문에 카메라를 '주간 노출'로 설정했다. 이렇게 하지 않으면 달 표면을 비롯한 우주비행사들의 활동이 전부 하얗게 보이기 때문이다. 이런 카메라의 설정은 작은 별빛을 담아 내지 못하기 때문에 별이 안 보였던 것이다. 만약 우주비행사들의 활동 보습이 선명히 보이고 별도 잘 보였다면 이거야 말로 조작의 근거다.

그렇다면 왜 달에서 활동했던 시간은 낮인데 하늘은 까맣게 보이는 걸까? 그 이유는 바로 달의 대기가 없기 때문이다. 달에는 대기가 없어서 빛의 산란 현상이 일어나지 않고 지구처럼 낮 하늘이 푸른색이 아니라 까만색이다. 2019년 달 뒷면에 착륙한 중국의 달 탐사선 '창어 4호'의 사진에도 별의 모습은 찍히지 않았다.

달 착륙에 있어 사실 컴퓨터의 성능은 큰 문제가 되지 않는다. 당시 나사는 달의 궤적과 우주선의 속도 등을 지상의 컴퓨터로 미리 계산했고, 달 착륙선에 있는 컴퓨터는 실시간으로 약간의 보정만 했을 뿐이다. 우주선이나 인공위성에 쓰이는 컴퓨터는 지금도 고급 사양이 아니다. 컴퓨터가 고급 사양일수록 반도체의 민감도가 증가해 쉽게 고장날 수 있기 때문이다.

이는 우선 달의 중력을 알게 되면 이해하기 쉽다. 달의 중력은 지구의 6분의 1이다. 즉 지구보다 물체를 끌어당기는 힘이 부족하고, 이는 곧 달을 탈출할 때 그만큼 힘이 덜 든다는 것이다.

지구에서 중력을 완전히 벗어나기 위해서는 초속 11.2㎞의 속도로 올라가야 한다. 이에 비해 달에서는 초속 2.38㎞ 정도의 속도로도 달 중력을 벗어날 수 있다. 이런 계산하에 아폴로 우주선에는 또 다른 기능(옵션)이 있다. 아폴로 우주선에는 3명의 승무원이 탑승하고, 2명만 달에 내렸다. 그리고 1명은 사령선이라는 우주선에서 달 궤도를 계속 돌고 있었다.

아폴로 11호의 경우 닐 암스트롱, 버즈 올드린, 마이클 콜린즈 3명이 달로 향했고, 달에는 암스트롱과 올드린만 내렸다. 달까지 간 콜린즈는 달을 밟아 보지 못하고 사령선 위에서 두 동료들이 임수 완수를 할 때까지 기다리면 달 위의 궤도를 빙빙 돌고 있었다. 달에서의 임무를 마친 암스트롱과 올드린은 상승선을 타고 조금만 위로 날아오르면 됐고, 이때 콜린즈가 타고 있던 사령선과 도킹을 해 서로 만난 후 사령선을 타고 지구로 귀환한 것이다.

미국이 달에 간 1969~1972년은 러시아와 우주 경쟁을 하던 시기이다. 사실 미국이 달에 가는 이유는 러시아보다 우주과학이 발달해 있다는 것을 과시하기 위함이었고, 그래서 여기에 엄청난 돈을 쏟아부었다. 당시 아폴로 프로젝트에 투입된 예산은 우리 돈으로 150조 원이었다.

미국은 1969년부터 총 6번에 걸쳐 달에 다녀왔다. 자국의 목표는 확실히 이룬 셈이고 더 이상 달에 갈 이유가 없었다. 더 이상 실익도 없는 달 탐사에 막대한 돈을 쏟아부을 이유가 없었던 것이다. 나사에 예산을 주는 미국 의회에서도 회의론이 팽배했다. 아폴로 15호부터는 달 착륙 시청률도 현저히 떨어지고 사람들의 관심도 멀어지는 상황에서 미 의회는 "계속 달에 가야 하느냐"라고 나사를 압박했다. 나사의 달 착륙 계획은 아폴로 18호까지였지만 17호에서 중단된 것도 이런 이유에서였다.

달 착륙 아직도 못 믿겠다고? …달에 두고 온 인류의 흔적들

달 착륙이 왜 거짓이 아닌지, 실제로 반세기 전에 미국은 달에 다녀온 게 맞다는 것을 앞서 여러 가지 근거로 알아봤다. 그러나 이같은 증거로도 여전히 달 착륙의 진실을 부정하는 사람들이 있다.

아폴로 11호부터 17호까지(13호 제외) 달에 다녀온 우주비행사는 18명, 이 가운데 달을 밟은 사람은 12명이다. 이들이 달에서 촬영한 비디오(동영상)를 보면 넘어지고 일어서는 모습이 대부분이다. 이런 장면은 곧 그 현장은 통제되지 않은 장소, 즉 지구 중력과 다른 환경이라는 것이다. '달 착륙 날조론자'들의 주장대로 지구의 한 스튜디에서 달 표면을 걷는 모습을 촬영했다면 그렇게 자주 넘어지지 않았을 것이다. 특히 이런 우스꽝스러운 모습을 연출하지는 않았을 것이다.

결국 우주비행사들이 달에서 활동하면서 자주 넘어지는 것은 지구와는 현저히 다른 중력이 매우 약한 장소기 때문이다.

아폴로 11호가 달에 설치하고 온 레이저 반사판/사진 출처=나사

아폴로 11호 대원들이 달에 설치한 레이저 반사판도 달 착륙이 사실이라는 중요한 근거다. 11호뿐 아니라 14호, 15호 대원들도 달 착륙선과 함께 레이저 반사판을 달에 두고 왔다. n이 반사판으로 달과 지구의 거리를 정확히 측정할 수 있다. 지구에서 달에 빛(레이저)을 쏘면 이 반사판에 맞고 다시 지구로 돌아오는 데 걸리는 시간은 대략 2.5초 정도. 이를 바탕으로 빛의 속도와 달의 반사판에서 되돌아오는 시간을 계산해 지구와 달의 거리를 측정하는 것이다.

구소련(러시아)이 1970년과 1973년 달에 착륙시킨 탐사선도 달에 반사판을 설치했다. 러시아가 측정하는 달의 거리 역시 미국이 측정하는 달의 거리와 같은 수치가 나온다. 이렇게 측정한 달과 지구의 거리는 36~38만km가량이며, 달의 공전 위치마다 조금씩 차이가 난다. 미국과 러시아가 설치해 놓은 반사판 덕분에 달과 지구는 매년 3cm씩 멀어지고 있다는 사실도 알아냈다.

미국이 달에 다녀왔다는 증거는 아폴로 13호의 실패에서도 찾을 수 있다. 날조론자들의 주장대로 미국이 과학기술을 과시하기 위해 달에 다녀온 것을 조작했다면 굳이 아폴로 13호를 실패한 것으로 연출했을까? 이는 망신스러운 사안일 텐데 말이다. 그러나 아폴로 13호 역시 11호와 12호처럼 TV 생중계를 했고, 산소탱크가 폭발하는 바람에 달 착륙은 포기한 채 어려운 과정을 거쳐 지구로 돌아왔다. 만약 미국이 처음부터 모든 게 조작이었다면 아폴로 13호 역시 성공한 것처럼 꾸몄을 것이다.

인류의 달 착륙을 거짓이라고 주장하는 사람들이 어떤 사람들인지 알아보면 그리 신뢰가 가지 않는다는 점도 달 착륙 날조설 자체에 문제가 많다는 것을 보여 준다.

인류는 달에 가지 않았다고 처음 주장했던 윌리엄 찰스 케이싱. 그는 과학 전문가가 아니다. 케이싱은 작가이다. 우주과학이나 물리학에 대한 전문적인 지식이 없는 사람인 것이다. 케이싱은《우리는 결코 달에 가지 않았다(We never went to the moon)》라는 책을 출간해 달 착륙이 미국 정부의 조작임을 주장했다. 그는 제기한 근거 없는 음모론은 그의 입장에서는 운 좋게 독자들에게 먹혀들었고 책만 잘 팔았다. 케이싱뿐 아니라 미국의 달 착륙이 조작이라고 주장하는 사람들 모두는 언론인, 유사과학 단체 관계자 등 실제 우주과학 전문가는 1명도 없다.

더욱이 미국이 달에 다녀왔다는 것을 1960~1970년대 미국과 우주 패권 경쟁을 벌였던 러시아도 인정했다. 만약 미국의 달 착륙 화면이나 사진에 의문이 들었다면 러시아가 음모론을 가장 강력히 제기했을 텐데 러시아도 유인 달 착륙에 있어서는 미국이 앞섰다고 인정했다. 유인 달 착륙의 조작설은 1974년부터 꾸준히 제기되어 오다 확실한 증거가 2011년에 나왔다. 이때부터 달 착륙은 날조라고 하는 주장들이 많이 줄어들긴 했다. 그 이유는 나사가 달에 다녀왔다는 눈에 보이는 증거들을 채집했기 때문이다.

2011년 9월 나사는 달 궤도 정찰위성(LRO)를 달에 보냈다. 당시 이 위성은 달 표면 여러 곳을 촬영했고, 아폴로 16·17호 등이 남긴 월면차의 바퀴 흔적, 달에 두고 온 착륙선 등이 사진에 선명하게 찍혔다. 나사의 LRO뿐 아니라 일본의 우주항공연구개발기구(JAXA·작사)의 달 위성이 찍은 사진에도 아폴로의 흔적들이 찍혔다. 이는 더 이상 반박할 수 없는 증거들이다.

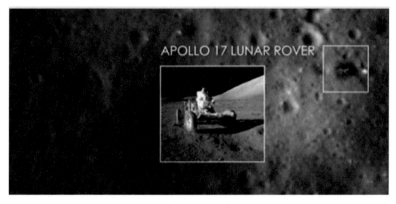

2011년 9월 나사의 달 궤도 정찰위성(LRO)이 촬영한 아폴로 17호의 월면차
/사진 출처=나사

2011년 9월 나사의 달 궤도 정찰위성(LRO)이 촬영한 아폴로 17호의 월면차 바퀴 흔적
/사진 출처=나사

달 착륙 프로젝트에 참여했던 나사 직원들의 숫자에서도 달 착륙의 진실을 엿볼 수 있다. 달을 밟은 나사의 우주비행사는 12명이지만, 이들을 달에 보내기 위해 아폴로 프로젝트에 참여했던 나사 직원은 한두 명이 아니다.

나사 측은 "달 착륙 계획에 투입된 나사 직원들이 5만 명 가까이 된다"며 "만약 달 착륙이 조작이라면 이 많은 사람이 그 비밀을 어떻게 지킬 수 있겠는가"라고 반문했다. 나사 측의 설명대로 지금까지 나사 내부에서의 폭로는 없었다.

2002년 달 착륙 조작설을 한창 파헤치던 기자 바트 시브렐은 아폴로 11호의 승무원 버즈 올드린을 만나 "달에 가지도 않았으면 거짓말로 돈을 번 도둑놈"이라고 욕하면서 "달에 간 것이 사실이라면 성경에 손을 얹고 맹세해 보라"며 그의 심경을 건드렸다. 이때 분에 못 이긴 올드린은 시브렐의 뺨을 후려쳤다. 그리고 시브렐은 올드린을 폭행 혐의로 고소했는데, 당시 검찰은 "시브렐이 폭행을 유도했다"면서 올드린을 기소조차 하지 않았다.

일부 달 착륙 날조론자들은 "달에 처음 착륙했다는 닐 암스트롱이 자서전을 통해 '사실은 달에 가지 않았다'고 고백했고, 또 언론 인터뷰에서도 '달 활동 장면은 지구에서 촬영한 것'이라고 실토했다"라고 주장한다. 그러나 암스트롱은 그런 자서전을 펴낸 적도 없고, 언론 인터뷰에서는 "우리는 정말로 달에 다녀왔다"라고 말해 왔다. 즉 달 착륙 날조론자들의 주장은 '가짜 뉴스'에 불과하다.

인류 최초의 달 착륙 1등에 가려진 2명의 주인공들

"한 사람에게는 작은 한 걸음이지만 인류에게는 위대한 도약이다
(That's one small step for a man, one giant leap for mankind)."

이 말은 미국 나사의 우주비행사이자 아폴로 11호의 선장인 닐 암스트롱이 1969년 7월 20일 달을 밟으면서 했던 말이다. 우리는 암스트롱을 기억한다. 인류 최초로 달에 발자국을 찍은 사람으로 말이다. 그런데 암스트롱에 가려져 빛을 보지 못한 이가 두 명 있다. 바로 '버즈 올드린'과 '마이클 콜린스'이다.

버즈 올드린이 달에 착륙해 미국 국기인 성조기를 꽂은 후 국기를 바라보고 있다.
/사진 출처=나사

올드린은 암스트롱에 이어 인류 두 번째로 달을 밟은 사람이고, 콜린스는 암스트롱, 올드린과 달과 함께 갔었지만 달에 내리지 못하고 사령선에 남아 그들의 지구 귀환에 중요한 역할을 한 인물이다.

1930년 1월 20일 미국 뉴저지주 글렌리지에서 태어난 올드린은 우주비행사이자 군인, 항공우주공학자이다. 그의 이름 '버즈'는 사실 실명이 아니라 애칭이다. 정확한 이름은 '에드윈 올드린'인데 어린 시절 그의 여동생이 브라더(Brother)를 버저(Buzzer)로 잘못 부른 것을 귀엽게 여긴 가족들이 줄여서 '버즈'라고 불러 이게 애칭이 된 것이다.

올드린이 달을 밟는 것은 암스트롱보다 늦었지만 나름대로 인류 최초의 기록을 가지고 있다. 올드린은 달에서 인류 최초로 술을 마신 사람이고, 또 인류 역사상 달을 처음 떠난 사람이다. 그리고 처음으로 달에서 소변을 본 사람이기도 하다. 큰 의미가 있는 인류 최초는 아니지만 이처럼 올드린도 처음이라는 타이틀을 몇 개 가지고 있다. 그리고 아폴로 11호의 우주비행사 사진들 대부분은 올드린이다. 암스트롱이 찍어 준 것이다.

올드린은 6·25전쟁 당시 유엔군으로 참전해 한국을 위해 싸웠는데, 당시 소련(현 러시아)의 전투기를 2대나 격추시키는 성과도 올렸다.

올드린처럼 달 착륙 역사에서 빛을 보지 못한 콜린스는 1930년 10월 31일 이탈리아 로마에서 태어났으며, 지난 2021년 4월 28일

향년 90세로 타계했다. 콜린스는 아폴로 11호에 탑승했지만 달에 내리지 않고 사령선을 지켰다. 암스트롱과 올드린이 달에 내려 활동하는 동안 사령선을 타고 혼자서 달 궤도를 돌며 달 착륙선이 이륙하면 도킹을 시도해 지구로 데려오는 게 주요 임무였다.

아폴로 11호 승무원의 서열을 보면 1번이 암스트롱, 2번이 콜린스, 3번이 올드린이었다. 서열로만 본다면 콜린스가 달에 내려야 하지만 올드린이 사령선 조종에 미숙해 결국 콜린스가 사령선에 남기로 한 것이다.

일반인들은 콜린스를 잘 모르지만 우주과학과 천문학계에서는 나름 인지도가 있는데 그가 찍은 사진 한 장 때문이다. 콜린스는 암스트롱과 올드린이 달에서 임무를 마치고 이륙했을 때 그들이 탄 우주선을 사진으로 찍었는데 이때 지구의 모습도 같이 담겼다. 결국 이 사진에는 콜린스 자신만 제외하곤 모든 사람이 찍힌 셈이어서 '한 사람만 빼고 모든 인류가 찍힌 사진'이 됐다.

마이클 콜린스가 촬영한 단 한 명 빼고 모든 인류가 찍힌 사진/사진 출처=나사

콜린스는 암스트롱과 올드린이 하지 못한 특별한 경험을 가지고 있다. 콜린스는 두 동료가 달에서 활동할 동안 달의 궤도를 돌았기 때문에 지구에서는 보지 못하는 달의 뒷면을 홀로 비행한 사람이다.

우주 개척의 시작점이었던 달 착륙은 3명이 주인공이지만, 1등 이 아니라는 이유로 올드린과 콜린스는 기억되지 못하고 있다. 하지만 암스트롱 외 올드린과 콜린스가 있었기 때문에 인류 최초의 달 착륙은 성공적이었다는 것을 기억해야겠다.

제5부

· ·

지구와 우주, 알수록 신기한 사실들

지구와 우주의 나이, 과학자들은 어떻게 알아냈을까?

우리가 사는 지구는 탄생한 지 45억 년 됐다. 46억 년이라고 계산하는 과학자들도 있어 통상적으로 지구의 나이는 45~46억 살이라고 말한다. 여기에서는 45억 년으로 이야기한다.

이 우주는 지구보다 훨씬 앞선 137억 년 전에 생겨났다. 그렇다면 과학자들은 이 지구와 우주의 나이를 어떻게 알아냈을까? 우리 인류보다 훨씬 오래전에 태어난 지구와 우주가 몇 살인지 밝혀내는 게 쉽지는 않았을 텐데 말이다. 과학자들은 지구의 나이를 먼저 알아냈는데 바로 '방사성 연대 측정법'을 이용했다. 방사능 물질이 일정한 반감기로 붕괴한 양을 측정하는 게 방사성 연대 측정법이다. 방사성 원소의 붕괴는 주위의 압력이나 온도 등에는 영향을 받지 않고 시간의 영향만 받는다. 방사성 원소는 규칙적으로 붕괴하는데 이들 원소가 붕괴돼 반으로 줄어드는 시간을 반감기라고 한다. '우라늄 235'의 반감기는 7억 400만 년, '우라늄 238'의 반감기는 44억 7,000만 년이다. 또 '탄소 14'의 반감기는 6,000년이다. 과학자들은 이런 방법을 이용해서 지구의 암석에 들어 있는 방사성 원소의 반감기를 측정해 지구의 나이가 45억 년이라는 결과를 도출해 냈다. 고대 문물이나 동물의 화석 등이 발견될 때도 이렇게 방사성 연대 측정법을 이용해 해당 유물이 언제 만들어진 것인지, 언제 살았던 생물인지 알아낸다. 방사성 연대 측정법은 고고학계와 인류학계에서 없어서는 안 될 중요한 과학적 검증법이다.

지구의 나이는 이렇게 방사성 연대 측정법을 이용해 알아냈는데 그렇다면 우주가 137억 년 전에 탄생했다는 것은 어떻게 알아냈을까? 우주라는 공간은 물질이 아닌데 말이다.

우주의 나이를 알아낸다는 것은 오래전부터 천문학계를 비롯한 과학계의 숙제였다. 우주의 나이를 알게 되면 우주 탄생의 비밀도 알 수 있기 때문이다. 우주는 탄생 직후 계속 팽창하고 있고, 현재도 팽창 중이다. 이것을 '팽창 우주'라고 한다. 그런데 우주의 팽창 속도는 균일하지 않고 시간이 지날수록 빨라지고 있다. 현재 우주가 커지는 속도는 빛보다 더 빠르다.

우주의 팽창 속도를 계산하는 데는 '허블상수'와 '도플러 효과'라는 것을 사용한다.

'허블의 법칙'이라고도 불리는 허블상수는 미국의 천문학자 에드윈 허블이 개발한 계산법이다. 허블은 1924~1929년 우리은하 외부의 다른 은하들이 서로 멀어지고 있다는 사실을 발견하게 된다. 또 그는 우주는 시간이 갈수록 팽창 속도, 즉 커지는 속도가 빨라지고 있다는 것도 알게 됐다. 이런 사실을 바탕으로 허블은 허블상수라는 것을 개발했다. 우주가 갈수록 빠르게 팽창하고 이 속도를 계산해 낸 뒤 이를 시간상 거꾸로 돌리면 우주의 나이가 나올 것이라고 허블은 예측했다. 그런데 허블에게는 큰 난관이 있었다. 우주가 얼마나 빠른지 알아내야 하는데 그걸 어떻게 알 수 있느냐는 것이다.

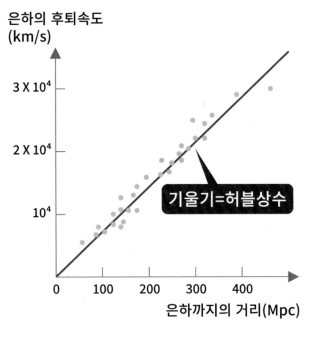

은하의 후퇴속도
(km/s)

3×10^4

2×10^4

기울기=허블상수

10^4

0   100   200   300   400

은하까지의 거리(Mpc)

허블상수

허블상수 그래프를 보면 기울기, 즉 허블상수가 어떻게 정해지는냐에 따라 우주의 크기는 달라진다. 허블상수가 50이면 우주의 나이는 200억 살, 100이면 100억 살이라는 계산이 나온다. 문제는 정확한 허블상수를 정하는 게 쉽지 않다는 것. 그래서 허블이 계산했던 우주의 나이는 30억 년이 나오기도 하는 등 계산 때마다 수치가 달랐다. 이에 허블은 여러 차례에 걸쳐 오차를 보정하기 위해 노력했지만 당시 건강이 안 좋아 심근경색으로 1953년 세상을 떠났다.

그리고 1970년대 말 천문학자 앨런 샌디지와 웬디 프리드먼은 허블상수의 정확한 값을 알아내려는 경쟁을 벌였다.

당시 미국 언론은 이 두 사람의 경쟁을 '허블전쟁'이라고 칭했다. 샌디지와 프리드먼이 애초 계산한 우주의 나이는 제각각이었지만 두 사람은 계속 연구를 한 끝에 140억 년이라는 같은 값의 계산을 내놨다. 또 다른 천문학자들도 교차 검증한 결과 우주의 나이는 대략 140억 년이라는 것에 동의했다.

그리고 2001년 WMAP라는 위성이 발사된다. 이 위성은 빅뱅 잔여 복사열에 따른 온도 차이를 측정하기 위한 장비이다. 2003년 WMAP 위성은 빅뱅으로 우주가 생성된 지 38만 년 후의 모습을 정확히 포착했다. 이 데이터를 기반으로 과학자들은 우주에 퍼져 있는 빅뱅 잔해 우주 배경 지도를 만들었다. 그리고 이 지도를 바탕으로 허블상수를 계산해 보니 우주의 나이는 137억 년 정도라는 것을 알게 됐다. 정확히는 137억 7,000만 년이고, 오차 범위는 ±4,000만 년이다.

우주의 나이를 알아내는 또 하나의 방법인 도플러 효과는 파동이 발생하는 파원과 관측자 사이의 운동에 따라 전달되는 파동의 파장이 변하는 효과를 말한다. 파원과 관측자가 서로 가까워지고 있으면 전달되는 파장의 길이는 짧아지고 서로 멀어진다면 파장의 길이는 길어진다. 구급차가 사이렌을 켜고 다가올 때 높은 음이 나고, 나(관측자)와 멀어지면 낮은 소리가 나는 것도 도플러 효과 때문이다. 우주에서도 어떤 천체가 빛을 방출했을 때 예상되는 파장보다 더 길게 보인다면, 그 천체와 관측자 사이의 거리는 멀어지고 있다는 뜻이다. 이때 측정된 파장의 길이 변화를 '적색 이동'이라고 부르는데 이 값이 클수록 후퇴 속도가 빠르다는 것이다.

이런 사실을 기반으로 천문학자들은 우주 공간이 팽창한다는 사실을 먼 천체들의 적색 이동 관측을 통해 알아냈다.

137억 년은 우리 인류의 입장에서는 너무 까마득한 옛날이다. 우리 현생 인류가 탄생한 지는 1억 년도 아닌 아직 100만 년도 되지 않았으니 137억 년은 너무 먼 옛날인 것이다. 천문학자들은 137억 년째 커지고 있는 이 우주가 언젠가는 팽창을 멈출 것이라고 예측하고 있다. 하지만 그게 언제일지는 아직 정확히 알 수 없고 팽창의 멈춤은 아주아주 먼 훗날의 일어날 일이다.

별들의 집합소 은하에도 구성단위가 있다

공간이나 물체, 집단의 크기·규모를 나타낼 때는 '단위'를 사용한다. 신발 두 짝은 '한 켤레'라고 하고, 특정 지역의 규모나 위치 등을 나타낼 때도 단위를 쓴다. 나로우주센터의 경우 한국의 전라남도, 그중에서도 고흥군에 속해 있다. 이런 식으로 단위를 정해서 표기하는 것은 여러 분야에서 쓰인다.

우리의 상상 이상으로 큰 이 우주에도 단위가 있다. 우주의 기본 단위는 '은하(Galaxy)'다. 은하는 별들과 그 주위를 도는 행성·위성이 모인 집단이다. 지구가 속한 은하는 '우리은하'라고 부른다. 태양계에서 별(항성)은 태양이 유일한데 우리은하에는 태양과 같은 별들이 2,000억~4,000억 개 정도 있고, 각각의 별 그 주변에는 수성·금성·화성과 같은 행성들이 있다.

허블우주망원경이 촬영한 '힉슨 밀집은하군 40'/사진 출처=나사

우리은하와 같은 기본 단위의 소규모 은하가 50~100개 정도 모여 있는 집단은 '은하군(Group of galaxies)'이라고 분류한다. 또 은하군이 수천 개 모인 집단을 '은하단(Galaxy Cluster)'이라고 한다. 이보다 더 큰 단위가 있는데 은하단이 수백 개 모인 집단인 '초은하단(Galaxy Superclusters)'이다.

정리를 해 보면, 은하가 모여 은하군을 이루고 또 그 은하군은 은하단을, 은하단은 초은하단을 이룬다. '은하<은하군<은하단<초은하단'. 이것이 현재 천문학자들이 정리한 굵직한 우주의 단위이다. 현재 관측 가능한 우주에서 초은하단의 수는 1,000만 개 정도로 추정된다. 이 1,000만 개라는 초은하단의 수도 인류가 관측 가능한 우주에서 얻은 데이터이며, 천문학자들이 현재 알아낸 우주의 크기는 920억 광년이다. 빛의 속도로 920억 년을 가야 하는 거리다.

우주 관측 기술은 계속 발전하고 있으니 이보다 더 먼 곳, 넓은 곳을 관측하게 되면 우주의 새로운 단위가 생길 수 있다. 우리은하의 경우 크기가 지름 10만 광년인데 다른 은하들에 비하면 큰 편이 아니다. 지금까지 발견된 은하 중 가장 큰 은하는 'IC1101'이다. 이 은하의 크기는 지름이 600만 광년에 이른다. 천문학자들은 'IC1101'보다 더 큰 은하가 존재할 것이라고 추측하고 있으며 아직 발견을 못 한 것뿐이다.

우리은하는 라니아케아 초은하단의 국부은하군에 속해 있다. 이 국부은하군의 크기는 지름이 1,000만 광년인데 라니아케아 초은하단은 5억 광년이나 된다.

라니아케아 초은하단. 오른쪽 붉은 점이 우리은하다./사진 출처=네이처

우주에는 있는 수많은 초은하단에 대해 천문학자들이 계산을 해보니 별의 개수는 '조' 단위를 넘어 '경'의 단위에 이를 것으로 보고 있고, 또 수성·금성·지구·화성과 같은 행성은 '해' 또는 그 이상이라고 추측하고 있다.

이렇게 알아보니 우주는 정말 넓고 별과 행성은 셀 수 없을 만큼 많다. 이런 우주의 규모를 생각해 보면 지구는 정말 티끌에 불과하다. 하지만 우리 지구인들의 상상력과 우주과학 기술 발전에 도전하는 노력은 우주의 크기 이상이다. 앞으로 우리가 알아가게 될 우주, 흥미진진하고 많은 기대가 된다.

우주도 기네스북 기록을 가지고 있다

세계의 진기한 기록들이 담겨 있는 기네스북. 여기는 그야말로 각 분야에서 세계 최고에 해당하는 것들로 가득하다. 그런데 기네스북 기록은 지구에만 국한돼 있지 않다는 것을 알고 있는가? 지구 밖 우주에서 일어나는 현상이나 행성, 항성(별) 등도 기네스북에 올라 있는 것들이 있다. 바로 '우주 기네스북'이라고 불리는데 우주의 어떤 것들이 최고에 올라 있을까?

부메랑 성운/사진 출처=나사

지구에서 5,000광년 떨어진 '부메랑 성운'은 우주에서 가장 추운 곳이다. 그 모양이 나비넥타이를 닮아 '나비넥타이 성운'이라고도 불리는 이 성운의 온도는 영하 272.12도이다. 부메랑 성운은 항성에서 분출되는 가스로 생성됐으며, 가스 팽창 속도가 초속 200km에 가깝다.

우주에서 가장 뜨거운 행성은 지구에서 620광년 거리에 있는 'KELT-9b'다. 이 행성의 표면 온도는 섭씨 4,327도로 태양계에서 가장 뜨거운 행성인 금성 표면 온도(460도)보다 9배나 높다. 가스로 이뤄진 이 행성은 우리 태양계의 목성과 비슷한데 질량은 목성의 2.88배, 반지름은 1.89배에 이른다.

우주 기네스북에 오른 가장 큰 항성(별)은 '방패자리 UY 스쿠티'인데 태양 지름의 약 1,708배에 달한다. 이 별의 질량은 태양의 30배이다. 별의 크기에 비해 큰 질량은 아니지만 별의 지름을 미터법으로 환산하면 12억km로, 비행기를 타고 이 별 주위를 한 바퀴 돈다면 1,000년이 걸린다.

우주에서 가장 나이가 많은 별은 'HE 1523-0901'이다. 지구에서 7,500광년 떨어져 있는 이 별의 나이는 무려 132억 살에 달한다. 태양의 나이는 46억 살이고, 이 우주의 나이는 137억 살인데 HE 1523-0901은 거의 초기 우주에 탄생한 별이라고 볼 수 있다.

그런데 우주 최고령 별에 대해서는 천문학자들 사이에서 의견이 분분하다. 바로 지구에서 190광년 떨어진 'HD 140283'이라는 별 때문이다. 과학자들은 이 별의 나이를 136억 살에서 152억 살로 추정한다. 그런데 우주의 나이가 137억 살인데 이보다 더 나이가 많은 별이 있을 수가 없다. 우주가 어머니이고 별은 자손인 셈인데 자손이 어머니보다 나이가 많을 수 없듯 말이다.

이 때문에 우주에서 가장 나이가 많은 별에 대해서는 아직 확정을 짓지 못했지만 학계에서는 HD 140283을 최고령으로 인정하는 분위기다. 하지만 이 별의 최대 나이가 우주의 나이를 훌쩍 넘어선다는 점 때문에 천문학자들을 HD 140283의 나이를 깎을 수 있는 근거를 열심히 찾고 있다.

우주의 이 같은 진기한 기록들은 현재까지 우리 인류가 관측 가능한 우주에서 발견된 것들이다. 우주 관측 기술은 계속 발전하고 있으니 언젠가는 이 기록들이 바뀌게 된다.

우리은하의 모습 어떻게 알아냈을까?

밤하늘을 아름답게 수놓는 은하수는 우리은하의 한 부분이다. 은하는 태양과 같은 항성(별), 가스, 먼지, 암흑 물질 등이 중력에 의해 무리 지어 있는 거대한 천체 집단을 말한다. 태양계와 지구가 속해 있는 우리은하의 크기는 지름이 10만 광년이고, 이 안에는 2,000억~4,000억 개의 별이 있다.

우리은하의 모양은 나선형의 원반 형태다. 그런데 지금까지 인류는 우리은하의 모습을 제대로 촬영한 적이 없다. 우리은하의 모습을 촬영하기 위해서는 카메라가 달린 탐사선이 우리은하에서 수백 광년은 떨어진 곳으로 가야 한다. 그동안 인류가 만든 탐사선 중 가장 멀리 가 있는 게 1977년 9월 5일 지구를 떠난 보이저 1호인데 이제 겨우 태양계를 벗어난 정도다.

인류의 탐사선들은 아직 우리은하 밖을 나가 본 적이 없으므로 지금 우리가 보는 우리은하의 모습, 우리은하 사진은 정확히 상상도(추측도)이다. 실제 촬영한 모습이 아니다.

인류는 우리은하의 모습을 본 적이 없음에도 천문학계에서는 우리은하의 모습이 나선형의 원반 형태라는 것에는 이견이 없다. 그렇다면 과학자들은 우리은하의 모양이 나선형이라는 것을 어떻게 알아냈을까? 이에 대한 답은 우리은하 밖에 있는 은하, 즉 외부은하에서 찾을 수 있다. 과학자들은 우리은하의 모습은 보지 못했지만 이웃 은하인 안드로메다를 비롯해 많은 외부은하를 관측했다.

우리은하의 모습. 이 사진은 상상도다./사진 출처=나사

우주에는 우리은하와 같은 은하가 무수히 존재한다. 관측 가능한 우주에는 최소 2조 개 이상의 은하가 있다. 과학자들이 많은 외부은하를 관측한 결과 은하는 그 구조에 따라 생김새가 다르다는 것을 알아냈는데, 은하는 타원형과 나선형, 불규칙형 등 크게 세 가지로 분류된다. 공 모양으로 구에 가까운 타원형 은하는 가스 등 성간물질이 많지 않아 새로운 별이 태어나는 일이 별로 없다. 이 때문에 타원은하는 주로 늙은 별들로만 구성되어 있고, 별이 많지 않다. 반면 나선형 은하는 별의 탄생이 활발하다. 또 불규칙형 은하는 나선은하, 타원은하와 달리 일정한 모양을 갖추고 있지 않다.

지구에서 밤하늘에 반짝이는 별들은 대부분 우리은하에 있는 별들이다. 도심을 조금만 벗어나면 수많은 별들을 볼 수 있다. 우리은하에서는 많은 별이 탄생한다. 갓 태어난 별들은 청색을 띠는데 우리은하에서는 청색 별들이 많이 발견된다. 만약 우리은하의 모양이 타원형이거나 불규칙형이라면 밤하늘에서는 지금처럼 많은 별들이 반짝이지 않고, 청색 별들도 발견하기 힘들 것이다. 또 우유를 뿌려 놓은 듯한 은하수의 모습도 볼 수 없을 것이다.

이런 우리은하 내부의 모습과 특징이 나선형이라는 증거들이다. 과학자들은 이처럼 우리은하의 모습을 알 수 있는 증거들을 많은 외부은하 관측과 우리은하 내부를 들여다보면서 알아냈다.

현재 인류가 알아낸 우리은하의 형태는 큰 숲을 멀리서 본 것과 같은 대략적인 모습이다. 이에 천문학계에서는 우리은하의 정밀 지도를 작성하기 위해 노력하고 있다. 지금까지는 숲을 봤다면 이제는 그 숲속에 있는 나무들의 위치와 크기, 특성 등을 정확히 알아내려고 하는 것이다. 지금 제작 중인 우리은하의 지도가 제대로 완성되면 좀 더 멋있는 우리은하의 사진을 볼 수 있을 것으로 기대된다.

은하수의 모습/사진 출처=나사

지구인의 우주 시야를 넓혀 준 안드로메다은하

우주에는 수많은 은하가 있다. 그 은하 안에는 또 태양과 같은 별(항성)이 무수히 많고, 별 주변에는 행성과 위성들이 있다.

우리가 사는 지구가 속한 은하는 '우리은하'이다. 지름이 10만 광년이나 되는 우리은하의 모습을 우리는 아직 직접 볼 수 없다. 우리 인류가 보낸 탐사선들 중 우리은하 밖을 빠져나간 게 아직 없기 때문이다.

안드로메다은하/사진 출처=픽사베이

우리가 우리은하를 직접 볼 수는 없지만 다른 은하들은 볼 수 있다. 그 가운데서도 육안으로도 보이는 은하가 있는데 바로 '안드로메다은하(Andromeda Galaxy)'이다.

안드로메다은하는 안드로메다 자리에 있는 나선은하로 우리은하가 속해 있는 국부은하군에서 가장 밝고 거대한 은하다. 이 은하의 정식 명칭은 '안드로메다은하'이지만, 통상적으로 '안드로메다'라고 한다. 우리은하에서 거리는 250만 광년이다. 일본 애니메이션 〈은하철도 999〉에서 주인공 철이와 메텔의 종착지가 안드로메다(라메탈 행성)이기도 하다.

흔히 우리은하와 가장 가까운 은하가 안드로메다은하라고 알고 있는 경우가 많은데, 우리은하 주변에도 마젤란은하 등 무수히 많은 위성 은하들이 있어 안드로메다가 가장 가까운 은하는 아니다. 다만 우리은하와 비슷한 규모를 가진 은하 중에서는 가장 가까운 은하이며, 맨눈으로 관측 가능한 가장 먼 천체 집단이다.

안드로메다는 천체망원경과 같은 관측 장비 없이 지구에서 육안으로도 볼 수 있어 고대부터 천문학자들의 관심을 끌었다.

안드로메다를 처음 발견한 사람은 905년 페르시아의 천문학자인 이스파한이라고 알려져 있다. 이후 964년 페르시아의 천문학자 압드 알 라만 알-수피가 《고정된 별들의 책(The book of Fixed Stars)》이라는 책을 통해 '작은 구름'이라고 묘사했다. 이에 이때부터 안드로메다를 성운(성간물질과 수소로 이루어진 구름)이라고 알고 있었다.

독일 천문학자 시몬 마리우스는 1612년에 최초로 망원경을 사용해서 안드로메다를 관찰했는데, 그 실체를 정확히 알지 못했다.

이후 많은 천문학자가 안드로메다를 관측하고 연구했는데, 모두 성운으로만 알고 있었다. 그러다 1923년 10월 미국의 천문학자 에드윈 허블이 안드로메다는 성운이 아니라 은하라는 사실을 알아냈다. 이때부터 허블은 유명세를 타기 시작했다. 그동안 우리은하가 우주의 전부라고 인식하던 우주의 영역을 수십억 배 확장시키는 발견이었기 때문이다.

안드로메다의 크기는 지름이 25만 광년이고, 그 안에는 1조 개 정도의 별이 있다. 지름 10만 광년, 별의 수 2,000억~4,000억 개인 우리은하에 비하면 안드로메다는 엄청 큰 은하다. 과학자들은 우리은하에만 지적 생명체가 있는 천체가 최소 36개 정도일 것이라고 추측하고 있어 안드로메다에는 더 많은 지적 생명체가 존재할 것으로 보고 있다.

안드로메다는 현재 우리은하를 향해 시속 40만km로 돌진하고 있다. 미국 나사는 40억 년 후에는 안드로메다와 우리은하가 충돌해 하나의 거대한 은하로 합쳐진다는 계산을 내놨다. 우리은하와 안드로메다가 충돌하면 그 안에 있는 별과 행성들도 충돌해 엄청난 일이 벌어질 것 같지만, 그런 걱정은 하지 않아도 된다.

나사는 "은하계가 충돌하더라도 별들 사이 거리가 멀어 각 별과 행성들이 서로 충돌하지는 않기 때문에 태양과 지구는 무사할 것이다"라면서 "안드로메다의 별이 우리 태양과 직접 충돌하지는 않을 것이다"라고 전망했다.

우리는 모두 별의 자손… 그 이유는?

물질의 기본 단위는 원자다. 숯을 작게 부숴 나가면 마지막에는 탄소의 성질을 갖는 가장 작은 단위인 탄소 원자에 도달한다. 이와 같이 모든 물질은 원소의 성질을 갖는 최소 단위로 구성되는데 이게 '원자'이다. 원자는 양성자, 중성자, 전자로 구성된다. 현재까지 자연계에서 발견된 원자는 모두 92가지인데, 원자의 종류는 양성자의 수에 따라 결정된다. 양성자의 수가 1개이면 수소(H), 2개면 헬륨(He), 3개면 리튬(Li), 6개면 탄소(C) 등 이렇게 종류가 결정되는 것이다. 원자에 붙은 양성자가 92개면 우라늄(U)이다. 이 양성자의 수가 화학식에서 말하는 원소번호다. 양성자 수는 원자의 종류를 결정하고 전자는 원자의 화학적 성질을 결정한다. 금의 광택이나 다이아몬드의 결정 구조는 모두 전자에 의해 결정된다. 빵이 부드러운 이유도, 그 빵을 자르는 칼이 딱딱한 이유도 전자의 상태에 따른 것이다.

우리 사람의 몸을 비롯한 모든 생명체는 원자의 혼합물이며, 지구라는 행성도 원자의 혼합물이다. 궁극적으로 지구상에 존재하는 모든 생명체와 물체, 그리고 우주의 모든 물질은 양성자, 중성자, 전자가 각기 다른 방식으로 결합된 결과물이다.

자연계에서 원자가 생성되기 위해서는 1,000만 도 이상의 초고온과 초고압이 필요하다. 자연계에서 이런 조건을 만들 수 있는 것은 별의 내부다. 밤하늘에 떠 있는 수많은 별은 원자의 공장인 셈이다. 별의 내부에서 두 개의 수소 핵이 결합하면 중수소 핵 한 개가 만들어지고, 중수소 핵과 수소 핵 한 개가 결합하면 삼중수소가 만들어진다. 삼중수소 두 개가 결합하면 비로소 헬륨이 만들어지게 된다. 수소가 헬륨으로 합성되는 것을 핵융합 반응이라고 하는데, 이 과정에서 감마선의 광자가 만들어진다. 이 광자는 가시광선이 되는데 우리가 보는 태양 빛이 광자의 가시광선이다.

별은 이런 핵융합 반응을 반복하면서 빛과 열을 내고, 시간이 지나면서 수소와 헬륨보다 복잡하고 무거운 원소를 합성한다. 태양보다 질량이 더 큰 별에서는 핵융합 반응을 거듭하면서 헬륨은 네온>마그네슘>규소>황 순으로 무거운 원소가 된다. 그리고 핵융합 반응으로 만들어지는 마지막 단계의 원소는 철이다.

이렇게 다양한 원소를 만들어 내는 별들도 언젠가는 수명을 다하고 폭발을 한다. 그리고 생명을 다한 별은 자신이 만들어 낸 원소들을 우주 공간으로 퍼트린다. 이렇게 우주 공간으로 흩어진 원소들은 점점 모여 성간가스가 되고 구름이 돼 다시 새로운 별이나 행성이 태어난다.

우리 태양계의 태양(별)과 지구, 수성, 금성, 화성 등도 다른 별들의 폭발로 인해 생겨난 것이다. 우리는 어떤 별의 폭발로 태양계가 생겨났는지 알 수 없지만, 46억 년 이전 태양계 주변에서 수명을 다한 별이 있었다는 것은 알 수 있다. 태양의 경우 98%는 수소와 헬륨으로 이루어져 있다. 지구를 이루는 물질은 수소와 헬륨 외 탄소, 철, 금, 우라늄 등 다양하다. 이는 곧 아주 먼 옛날 태양이 아닌 다른 별들의 폭발로 유래했다는 증거다.

우리의 몸과 지구상의 다른 생명체, 물질 등은 모두 이렇게 별의 내부에서 합성된 물질로 이뤄진 것이다. 따라서 우리 모두는 별의 자손이라고 볼 수 있다.

생명을 다하고 폭발하는 별의 모습/사진 출처=나사

제6부

· ·

우주를 탐구하기 위해 인류가 만들어 낸 것들

우주의 영원한 항해자, 지구인의 전령 보이저호

지난 1977년 지구를 떠난 탐사선이 있었다. 이 탐사선은 현재 지구인들이 쏘아 올린 우주 탐사선 가운데 가장 멀리 가 있다. 나사의 과학자들이 만든 이 탐사선 이름은 '보이저 1호'. 1977년 9월 5일 미국 플로리다 케이프 커내버럴 공군기지에서 발사됐다. 이 탐사선의 쌍둥이 형제인 '보이저 2호'는 같은 해 8월 20일에 지구를 떠났다. 보이저 1호가 2호보다 늦게 발사됐는데 왜 1호인지 궁금해 할 수 있겠다. 그 이유는 비행 속도는 1호가 좀 더 빨라 2호보다 더 멀리 가 있기 때문이다. 이 쌍둥이 탐사선은 현재도 지구와 교신을 하고 있다. 오래전 우주 공간으로 떠났지만 아직 큰 탈 없이 우주를 향해 계속 나아가고 있다. 보이저 1호와 2호의 애초 임무는 목성과 토성 탐사였지만, 1989년부터는 성간우주 탐사로 바뀌었다. 성간우주란 항성(별)과 항성 사이 공간을 말한다.

이 탐사선들의 임무는 또 한 가지가 있다. 지구의 과학자들은 이 넓은 우주에 지구에만 생명체가 있을 것이라고는 생각하지 않는다. 그래서 보이저 1·2호에 목성·토성·성간우주 탐사 외에도 '지구인의 전령'이라는 임무를 줬다.

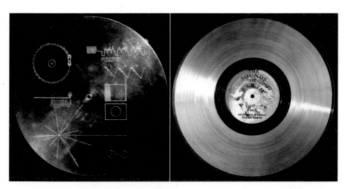

보이저 1·2호에 실린 레코드판. 오른쪽 둥근판이 지구의 소리와 언어, 사진 등이 담겨 있는 레코드판이고, 왼쪽이 이를 재생하는 방법을 담은 사용 설명서이다./사진 출처=나사

보이저 1호와 2호에는 금속으로 제작된 레코드판이 실려 있다. 구리로 만들어진 이 레코드판에는 지구에서 들을 수 있는 자연의 소리와 인류가 만들어 낸 음악, 그리고 지구상의 언어 중 55개 인사말(안녕하세요)이 녹음되어 있다. 한국어도 포함돼 있다. 또 지구의 모습을 보여 주는 사진도 담겼다.

당시 미국 대통령이었던 지미 카터는 아래와 같은 인사말을 담았다.

"이것은 멀리 떨어진 작은 행성에서 보내는 선물입니다. 여기에는 우리의 소리와 과학과 우리의 모습, 음악, 생각, 감정들이 들어 있습니다. 우리는 당신들과 함께 살아가고자 합니다. 언젠가 은하 단위의 문명이 함께할 수 있도록 우리가 직면한 문제들이 해결되길 바랍니다. 이 레코드는 우리의 희망과 결의, 그리고 광대한 우주에 대한 경외를 담고 있습니다."

보이저호에 이런 레코드판을 탑재해 놓은 이유는 지적 외계 생명체가 우리를 발견할 가능성이 있기 때문이다. 이들이 끝없이 우주를 여행하다 지구와 같은 또는 지구보다 더 발전한 문명을 가진 외계 생명체에게 발견됐을 경우를 대비해서 지구를 우주에 알리기 위함이다. 이 레코드판이 오랜 기간 보존될 수 있도록 과학자들은 금박을 입혔다. 보이저호를 보낸 과학자들이 예상하는 레코드판의 수명은 10억 년이다. 만약 지구인처럼 자신들 외 다른 행성의 생명체를 못 만난 외계인이 보이저호를 발견한다면 그 행성은 큰 혼란에 빠질 수도 있다. 아마 외계인을 신봉하는 단체는 그야말로 '대박'이 터질 것이고, 일부 단체는 종교로까지 발전할 수 있겠다.

외계인이 보이저호를 발견해도 지구와 언어가 다를 수밖에 없으니 레코드판에 소리와 영상을 재생할 수 있을지, 지도와 그림의 뜻을 이해할 수 있을지는 미지수다.

우주에서 각 문명이 의사소통하는 언어는 서로 다를 것이다. 그래서 보이저호를 만든 나사의 과학자들은 우주에서 공통으로 통하는 언어로 레코드판 재생법을 새겨 놨다. 우주의 공통 언어란 바로 '과학'이다. 1 더하기 1은 우주 어딜 가나 2가 되고, 수소 2분자와 산소 1분자가 만나면 물이 된다는 것은 우주 어디에서도 똑같이 통하는 법칙이다.

이 쌍둥이 형제들에게 탑재한 레코드판에도 이 같은 법칙이 적용되게 최대한 쉽게 과학의 언어로 표기했다. 그러나 만약 보이저호를 발견한 외계인이 이 레코드판을 재생하지 못하더라도 자신들이 만든 게 아니고 다른 행성에서 인위적으로 제작해 보냈다는 것은 알 수 있을 것이다. 그러면 적어도 자신들이 우주에서 더 이상 외로운 존재는 아니라는 것도 알게 될 것이다.

현재 보이저 1호는 태양으로부터 약 237억 4,000만km 떨어져 있고, 보이저 2호는 약 197억 9,000만km 떨어져 있다. 1호와 2호의 서로 거리는 200억km 정도 된다.

1986년 보이저 2호는 천왕성을 가까이서 비행한 최초의 탐사선이 됐다. 보이저 2호는 천왕성에서 2개의 새로운 고리와 10개의 새로운 위성을 발견했다. 이후 보이저 1호는 2012년 8월, 보이저 2호는 2018년 11월 태양권의 경계면인 성간우주에 도달했다. 태양계를 벗어난 셈이다.

나사의 과학자들은 보이저 1·2호가 해왕성을 통과한 뒤 임무를 종료시키려 했지만, 미국의 천문학자 칼 세이건이 태양계 안쪽으로 카메라를 돌려 사진을 찍어 보자고 제안했다. 1호와 2호에 장착된 카메라는 태양 빛을 정면으로 바라보면 자칫 카메라 렌즈에 손상을 줄 수 있어 나사 과학자들 일부는 반대했지만 세이건의 주장이 받아들여졌다.

그리고 1990년 2월 14일 1호는 카메라를 태양계 안쪽으로 돌려 사진을 찍었다. 이때 작은 점 하나가 찍혔는데, 이 사진이 바로 그 유명한 '창백한 푸른 점'이라고 불리는 지구 사진이다. 이는 모든 인류가 찍힌 사진으로 당시 1호와 지구와의 거리는 61억km였다.

1호와 2호는 2025~2030년이면 수명을 다할 것으로 보인다. 이에 나사의 과학자들은 이들의 수명을 연장하기 위한 노력을 하고 있다. 만약 위의 예상 시기처럼 이들의 수명이 다하면 탐사 역할 역시 완전히 종료된다. 하지만 이들은 우주의 어느 중력장에 붙잡히지 않는 이상 수명을 다해도 계속 우주 공간을 날아가게 된다. 그래서 보이저 1호와 2호의 전령 임무는 계속 남아 있게 된다.

지구에서는 오늘도 주식 거래가 이뤄지고, 자동차들이 분주하게 움직이고 사람들 개개인은 바쁘게 살고 있다. 1977년 지구를 떠난 보이저 쌍둥이는 여전히 우주 공간을 외롭게 날아가고 있다. 우리는 오늘도 바쁘게 생활하겠지만, 지구에서 멀리 떨어진 태양계 밖에 보이저 쌍둥이들이 있다는 것은 기억해 줄 만하다.

화성 탐사의 큰 획을 그은 '스피릿'과 '오퍼튜니티'

화성을 개척하기 위해 그동안 인류는 많은 탐사선(로버)을 보냈다. 현재도 화성에는 지구에서 보낸 로버가 활동하고 있다. 화성에 간 여러 로버들 가운데 화성 탐사의 새로운 장을 연 로버가 있어 현재도 과학자들과 우주 마니아들에게 회자되고 있다. 주인공은 바로 '스피릿(Spirit)'과 '오퍼튜니티(Opportunity)'이다.

나사가 만들어 보낸 이 쌍둥이 로버는 화성의 새로운 모습들을 우리에게 보여 주고 또 화성의 환경을 잘 분석해 알려줬다. 특히 이들은 자신들에 주어진 임무 이상의 성과를 올리며 화성에 대한 정보를 한층 업그레이드시켰다.

스피릿(왼쪽)과 오퍼튜니티/사진 출처=나사

나사는 2000년부터 화성 로버 개발에 착수해 2003년 두 대의 탐사선을 만들어 냈다. 이 쌍둥이 로버에게는 스피릿과 오퍼튜니티라는 이름이 각각 붙여졌다.

당시 나사는 미국인들을 대상으로 로버 이름 공모에 나섰고, 고아원에 살던 9세 소녀 소피 콜린스의 편지 내용에서 이 이름을 따왔다. 이 소녀는 한 가정에 입양이 됐는데 편지에는 '내가 가끔 올려다 본 밤하늘은 춥고 어두웠지만 어느 날 가족이 생긴 후부터 바라본 밤하늘은 달라 보였습니다. 이런 밤하늘은 나에게 새로운 마음(spirit)과 기회(opportunity)였습니다'라는 내용이었다. 9세 소녀가 지어 준 이름을 얻게 된 스피릿과 오퍼튜니티는 이제 화성을 향해 출발한다.

2003년 6월 10일 스피릿이 먼저 지구를 떠났고, 다음 달인 7월 7일 오퍼튜니티가 발사됐다. 그리고 7개월 후인 2004년 1월 4일 스피릿이 먼저 화성이 착륙하고, 3주 후 오퍼튜니티가 화성 땅을 밟았다.

스피릿과 오퍼튜니티는 화성 도착 후 태양전지판을 펴 에너지를 충전하고 곧 바로 탐사를 시작했다. 이때부터 화성을 돌아다니게 될 쌍둥이 로버의 예상 수명은 3개월(90일)이었다.

나사는 스피릿·오퍼튜니티가 낮엔 뜨겁고 밤엔 추운 기온과 모래 폭풍, 모래 언덕 등 극한 화성의 환경을 잘 이기고 3개월을 버텨 주기를 바랐다. 그런데 스피릿이 화성에 착륙한 지 2주가량 됐을 때인 2004년 1월 21일 문제가 생겼다. 갑자기 스피릿의 메모리에서 에러(오류)가 발생해 지구와 통신이 두절됐다. 이런 돌발 상황에서 나사 측이 취할 수 있는 것은 아무것도 없었고, 그저 스피릿이 다시 신호를 보내오기만을 초조하게 기다릴 뿐이었다. 하지만 며칠이 지나도 스피릿으로부터 신호는 오지 않았고, 큰 기대를 걸었던 로버가 기대 수명을 못 채우고 임무를 마치는 게 아닌가 하는 불안감도 들었다.

그런데 통신 두절 8일 만에 스피릿이 지구로 신호를 보냈다. 허탈감에 빠져 있던 나사 연구원들은 서로를 부둥켜안으며 환호했다. 통신이 두절됐던 8일 동안의 로버 행적을 살펴보니 죽음의 위기에 있던 스피릿은 살기 위해 스스로 66번을 재부팅해 메모리 에러를 이겨냈던 것이다. 다시 화성 탐사 활동을 할 수 있게 된 스피릿은 미리 프로그램된 대로 화성을 돌아다니며 사진을 찍고 토양과 대기 등을 분석해 그 자료들을 지구로 전송했다.

스피릿이 겨우 살아난 지 얼마 되지 않아 이번에는 오퍼튜니티에 문제가 생겼다. 이 로버의 바퀴가 모래 언덕에 빠져 꼼짝 못 하는 신세가 된 것이다. 이에 나사에는 또 비상이 걸렸다.

특히 오퍼튜니티가 빠진 모래 언덕은 태양 빛이 닿지 않는 곳이라 충전해 놓은 전력이 모두 소진되면 그대로 죽음을 맞이하게 된다. 오퍼튜니티의 속도는 그리 빠르지가 않아 단숨에 모래 언덕을 빠져나올 수 없었다. 태양열로 충전한 에너지가 소진되기 전에 빨리 모래 언덕을 나와야 하지만 그 가능성이 크지는 않았다. 이번에도 나사가 할 수 있는 일은 그저 먼 지구에서 기다리는 것뿐이었다. 그런데 오퍼튜니티는 포기하지 않고 매일 조금씩 바퀴를 움직여 35일 만에 모래 언덕을 탈출했다. 오퍼튜니티는 로봇이지만 살기 위해 포기하지 않고 모래와 사투를 벌인 것이다.

메모리 에러를 극복한 스피릿과 모래언덕에서 탈출한 오퍼튜니티는 본격적인 탐사 활동을 나섰다.

스피릿이 촬영한 화성의 모습/사진 출처=나사

스피릿과 오퍼튜니티가 보여 준 놀라움은 여기서 멈추지 않았다. 이들은 기대 수명인 3개월을 훌쩍 넘겼음에도 계속 활동을 하고 있었다. 나사는 스피릿과 오퍼튜니티를 제작할 때 '종료' 기능을 만들지 않았다고 한다. 이에 '끝'의 개념을 모르는 이 로버들은 3개월이 지나 일부 부품이 마모되고 일부 기능이 고장이 나도 계속 탐사를 했다. 아무도 예상치 못한 일이었다.

그러다 2009년 5월 스피릿의 바퀴가 모래에 빠져 움직이지 못하는 상황이 됐다. 예상 수명을 훨씬 넘긴 스피릿의 각 기관은 제대로 동작할 수 없었기에 모래를 빠져나오지 못했다. 결국 나사는 2010년 1월 26일 스피릿의 '임무 종료'를 선언했다. 화성에 착륙한 지 6년 만에 탐사를 멈춘 것이다. 예상 수명 3개월의 20여 배에 달하는 기간이었다. 스피릿은 모래 언덕에서 꼼짝 못 하는 신세였지만 에너지가 완전히 소실될 때까지 지구로 사진을 전송하는 등 끝까지 임무를 수행하고 생을 마감했다.

스피릿의 활동은 멈췄지만 오퍼튜니티는 계속 생존하며 탐사 활동을 이어갔다. 오퍼튜니티 역시 원활히 작동하지 않았지만 이 로버도 종료 기능이 없어 계속 화성을 돌아다니며 이곳저곳 탐사를 했다. 그리고 2018년 6월 엄청난 모래 폭풍을 만난 오퍼튜니티는 지구에 신호를 보내지 못했고, 통신을 기다리던 나사는 마침내 2019년 2월 13일 오퍼튜니티의 임무가 종료됐음을 발표했다. 오퍼튜니티의 마지막 교신 내용은 'My battery is low and it's getting dark(배터리가 부족함. 그리고 어두워지고 있음)'이었다고 한다.

스피릿과 오퍼튜니티가 화성에서 보여 준 활약상은 그야말로 기대 이상이었다. 이 로버들은 화성의 암석층을 분석하고 또 선명한 화성 지표, 화성에서 바라본 우주의 모습을 촬영했으며, 오랜 옛날 화성에 물이 흘렀음을 알 수 있는 증거들을 찾아 지구로 전송했다. 엄청난 생명력과 성과를 보여 준 스피릿과 오퍼튜니티가 지구로 보낸 자료는 앞으로 수십 년을 연구해야 하는 방대한 양이라고 한다. 스피릿과 오퍼튜니티는 사람이 만든 로봇이었지만 끝까지 자신의 임무를 수행하며 긴 기간 동안 화성을 탐사하면서 인류에게 큰 선물을 하고 떠났다.

나사의 야심작 퍼서비어런스, 화성서 생명체 흔적 찾을까?

화성 탐사선 퍼서비어런스/사진 출처=나사

2020년 7월 30일 나사는 화성으로 탐사 로버(지표면을 이동하는 탐사선)를 보냈다. 이 탐사선의 이름은 '퍼서비어런스(Perseverance)'.

'인내심'이라는 뜻이다. 이 로버의 크기는 승용차 정도인 넓이 2.9m, 길이 2.7m, 높이 2.2m이며, 무게는 1,025kg이다. 퍼서비어런스는 핵 추진 탐사선으로 동력으로는 플루토늄-238이 자연 붕괴할 때 발생하는 열을 이용한다.

퍼서비어런스는 7개월을 비행해 2021년 2월 18일 화성에 도착했다. 이 로버가 착륙한 곳은 '예제로' 크레이터(분화구)이다. 퍼서비어런스의 착륙지는 매우 험준한 지역이다. 착륙 시 애초 계산했던 낙하 속도와 낙하산이 펴지는 시간 등이 어긋나면 자칫 지면에 충돌할 수 있는 곳이다. 이 로버는 기존에 나사가 보냈던 로버들(소저너, 스피릿, 오퍼튜니티, 큐리오시티)보다 특별하고 막중한 임무를 지니고 화성으로 갔다.

퍼서비어런스의 우선적인 임무는 화성에서 생명체 흔적 찾기다. 현재 존재할 수 있는 미생물이나 과거에 생명체가 살았던 증거를 찾는 것이다. 가파른 절벽과 바위 등이 사방에 펼쳐져 있는 예제로 크레이터에 착륙한 이유도 이 때문이다.

예제로는 슬라브어로 '호수'라는 뜻이다. 과거 이곳은 물이 풍부한 호수였기에 예제로라는 이름도 붙은 것이다. 예제로 크레이터가 호수였다는 증거는 바로 삼각주다. 삼각주는 수백만 년 동안 물이 흘러야만 만들어질 수 있는 지형인데, 예제로 크레이터에는 삼각주가 존재한다.

퍼서비어런스가 촬영한 화성의 예제로 크레이터 내부 모습/사진 출처=나사

　퍼서비어런스의 우선적인 임무가 바로 예제로 크레이터에서 화성 생명체의 증거와 그 기원을 찾는 것이다. 퍼서비어런스는 이곳을 돌아다니면서 고대 생명체의 흔적이 있는 암석을 채집한다. 퍼서비어런스는 기존 로버와는 달리 화성에서 처음 시도하는 임무도 있다. 기존의 로버들은 암석을 분쇄하고 성분을 분석했지만 퍼서비어런스는 암석의 핵심 부분을 분필 크기 정도로 절단해 보관한다. 나사는 이 분필 크기의 암석 샘플을 후속 탐사선을 통해 지구로 회수할 예정이다. 나사는 퍼서비어런스가 채집한 암석 샘플을 2033년에 지구로 가져오는 것을 목표로 하고 있다.

　퍼서비어런스에는 '목시'라는 장치가 있는데, 이는 화성에서 산소를 만들어 낼 수 있는지를 시험하는 것이다. 화성 대기는 96%가 이산화탄소로 이뤄져 있으며 목시가 이산화탄소를 산소로 얼마나 바꿀 수 있는지 테스트한다. 이는 화성 유인 탐사를 대비한 시험이다.

　이 로버에서 가장 눈에 띄는 장비는 드론 형태의 소형 헬리콥터

'인저뉴어티'다. 인류가 화성에 보낸 탐사 장비 중 첫 비행체다. 인저뉴어티는 화성을 비행하면서 자체적인 탐사도 하고 퍼서비어런스의 내비게이션 역할도 한다.

퍼서비어런스가 화성에서 하는 일은 과학적 임무 외에도 다른 것도 있다. 이 로버에는 마이크로칩 3개가 실려 있는데 여기에는 지구의 1,090만 명 이름이 담겨 있다. 퍼서비어런스 제작 시 나사 홈페이지를 통해 신청받은 이름들인데, 자신의 이름을 화성에 남기고 싶어 하는 사람들을 위해 이 칩을 제작했다. 나사는 다음에 보낼 로버에도 지구인들의 이름을 담을 예정이고, 나사 홈페이지에서 신청을 받았다.

퍼서비어런스 바퀴에는 뱀이 그려져 있다. 이 로버가 발사된 2020년 7월은 전 세계가 코로나19로 사투를 벌이고 있을 때였으며, 나사는 전 세계 의료진들의 노고를 기리기 위해 로버 바퀴에 뱀을 새겨 넣었다. 뱀은 치유와 의학을 상징하기 때문이다.

또 이 로버의 카메라 주변에는 공룡, 박테리아, 양치류 등 지구의 고대 생물 그림이 그려져 있다. 화성에서 고대 생명체의 흔적을 찾는 퍼서비어런스에 지구의 고대 생물이 응원한다는 의미다. 60만~70만 년 전 화성에서 지구로 떨어진 운석의 일부도 퍼서비어런스에 실렸다. 오랜 옛날 지구로 온 운석을 다시 고향으로 돌려보낸 것이다.

퍼서비어런스는 과거의 화성을 알고 미래를 예측할 수 있는 열

쇠를 우리에게 주기 위해 황량한 화성을 돌아다니고 있다. 화성 탐사의 경제적 이득이 얼마인지는 아직 알 수 없으나 나사를 비롯한 각 나라의 화성 탐사 경쟁을 계속될 것이고, 우리에게 어떤 선물을 줄 것인지가 기대된다.

퍼서비어런스와 함께 화성을 탐사하고 있는 소형 헬리콥터 인저뉴어티/사진 출처=나사

인류에게 우주 크기를 확장해 준 허블우주망원경

최초의 우주망원경인 허블망원경은 인류가 우주를 보는 시야를 넓혀 줬다. 나사가 주축이 된 허블망원경 제작에는 록히드마틴, 마셜우주비행센터, 존슨우주센터, 케네디우주센터, 유럽우주국(ESA), 우주망원경과학연구원 등이 참여했다. 지상의 천체망원경은 아무리 성능이 좋아도 대기와 날씨, 빛, 미세 입자 등의 영향을 받는다. 반면 우주망원경은 지상의 관측 한계를 넘어 별(항성)과 성운, 은하 등은 물론 심우주의 모습까지 보여 준다.

지난 1990년 4월 24일 쏘아 올려진 허블망원경은 지구 상공 547km에서 96분 간격으로 지구를 한 번씩 돌고 있다. 당시 인류의 모든 광학 기술이 집약된 이 망원경은 제임스웹망원경 등장 이전에는 최고의 우주망원경이었다.

허블망원경의 길이는 버스 1대 정도의 크기인 13m, 렌즈 구경은 2.4m에 달하며, 현재까지도 활동하고 있다. 망원경의 이름 '허블'은 미국의 천문학자 '에드윈 파월 허블'에서 따왔다.

나사의 대형 프로젝트였던 허블우주망원경은 발사 당시 천문학자들의 큰 기대를 모았지만 자칫 실패작으로 끝날 뻔한 아찔한 사건이 있었다. 허블망원경은 궤도에 올려진 지 3주 후쯤 100만 개 이상의 빛을 포착했다. 그리고 허블망원경은 사진을 지구로 전송했다. 그런데 허블망원경이 찍은 사진들은 온통 흐릿했다. 우주에서 보내온 사진들이 초점이 맞지 않아 지상의 망원경이 찍은 사진보다 더 화질이 안 좋았던 것이다. 문제는 광학 장치에 있었다.

허블망원경이 기대 이하의 성능을 보이자 미국 의회와 언론은 "나사가 헛짓거리를 했다"라며 비난을 쏟아냈다. 이에 나사는 허블망원경을 수리하기로 했다. 망원경을 다시 지구로 가져올 수는 없으니 우주로 직접 나가 문제가 된 광학 장치를 손보기로 했다.

허블망원경이 발사된 3년 반 만인 1993년 12월 2일 수리를 위해 인데버호가 우주로 떠났다. 우주 공간에서의 수리 작업은 쉽지 않지만 엔지니어들은 맡은 바 임무를 충실히 수행했다. 그리고 1993년 12월 18일 허블망원경에서 다시 사진들이 지구로 전송됐다. 새로운 이미지를 받아 본 지상의 연구원들은 환호했다.

재탄생한 허블망원경이 보낸 이미지는 기대 이상으로 선명했다. 지금까지 어떤 천체망원경도 보여 주지 못한 우주의 모습이 선명히 담겨 있었다. 이때부터 우주 관측의 새로운 역사가 시작된 것이다.

나사의 엔지니어들이 허블우주망원경을 수리하고 있다./사진 출처=나사

　허블망원경은 첫 수리 이후 1997년 2월, 1999년 12월, 2002년 3월, 2009년 5월 등 네 차례에 걸쳐 성능 개선(업그레이드) 작업을 했다. 100억 광년 이상을 내다볼 수 있는 허블망원경이 이뤄낸 우주과학의 성과는 엄청나다. 우선 이론상으로만 존재했던 블랙홀의 관측은 허블망원경의 대표적 업적이다. 1992년 허블망원경은 거대 블랙홀이 있을 것으로 추정되는 은하 M87의 중심부를 관측하는 데 성공했다.

　M87에는 지금까지 알려지지 않은 가스 원반이 초속 750㎞의 속도로 회전하고 있었다. 그 중심에는 태양의 20억~30억 배에 이르는 큰 질량이 존재한다는 사실도 허블망원경이 확인했다. 바로 블랙홀의 발견이다. 1998년에는 이곳에서 거대한 제트가 분출되는 것도 관측하는 데 성공했다.

허블우주망원경이 촬영한 소용돌이은하 M51.
지구로부터 약 2300만 광년 떨어져 있다./사진 출처=나사

137억 년이라는 우주의 나이도 허블망원경이 밝혀냈다. 이 망원경이 우주의 팽창 속도를 나타내는 허블상수 측정값의 오차를 기존 50%에서 ±10%로 줄였기 때문이다. 허블망원경이 우주로 올라가기 전 과학자들은 우주 나이를 막연히 100억~200억 년으로 추정했다.

나사는 2026년에는 '낸시 그레이스 로먼 우주망원경'을 우주로 보낼 예정이다. 그리고 허블망원경은 이때부터 서서히 임무를 종료할 준비에 들어가 2028~2040년 사이 지구 대기권으로 재진입해 퇴역하게 된다.

나사는 민간 우주기업 스페이스-엑스(X)와 허블망원경의 임무 연장을 논의하고 있다. 하지만 과학자들은 제임스웹망원경이 있

으니 이제 허블망원경을 퇴역시키는 게 좋다는 의견을 내고 있어 허블망원경은 역사 속으로 사라질 가능성이 크다. 만약 수명을 연장해도 활동 기간이 그리 오래 가지는 않을 것이라고 한다.

지난 30여 년간 인류가 바라보는 우주의 크기를 확장해 준 허블망원경은 이르면 10년 이내에 수명을 다하겠지만, 그동안 우리에게 보낸 자료들은 계속 남아 우주의 비밀을 풀어가는 데 이바지할 것이다.

인류의 우주 개념을 바꾸고 시야를 넓힌 사진 한 장

1995년 촬영된 '허블 딥 필드'. 사진의 반짝이는 점 하나하나가 은하이다.
/사진 출처=나사

1995년, 한 천문학자가 미국 나사의 우주망원경과학연구소에 엉뚱한 제안을 하나 했다. 그 제안은 허블우주망원경으로 아무것도 없는 빈 우주 공간을 촬영해 보자는 것이었다. 이런 특이한 발상을 한 사람은 허블망원경 운영의 책임자인 로버트 윌리엄스 박사였다.

허블망원경은 각도를 조금만 틀어도 엄청난 비용이 들어가기에 한 번 촬영하기 위해서는 매우 신중을 기해야 했다. 특히 당시만 해도 허블망원경은 '돈 먹는 하마'라는 오명을 갖고 있어 이 망원경에 대한 여론은 매우 안 좋았다. 그런데 관측할 가치가 있는 천체도 아니고 아무것도 없는 텅 빈 공간을 들여다보도록 하는 것은 엄청난 낭비라는 게 나사 직원 대다수의 의견이었다. 허블망원경은 제작·발사에 10조 원이라는 돈이 투입됐고, 하루 사용료만 10억 원에 달한다. 윌리엄스 박사가 제안한 '텅 빈 공간 들여다보기'의 기간은 최소 10일. 뭐가 있는지도 모르는 공간에 100억 원 가까이를 쏟아부어야 하니 반대의 의견이 컸다.

특히 당시 인류가 만든 최고의 망원경이라고 평가받는 허블망원경은 전 세계 천문학자들이 앞다퉈 한 번쯤 사용해 보고 싶어 하는 장비라 윌리엄스 박사의 제안은 수용되기 어려웠다. 윌리엄스 박사의 제안을 두고 나사의 연구원들은 '미친 짓'이라며 비웃기까지 했다.

그러다 결국 우여곡절 끝에 그의 제안대로 허블망원경의 렌즈를 우주의 텅 빈 공간으로 돌렸다. 그리고 얻어낸 한 장의 사진은 세계 천문학계를 발칵 뒤집어 버린다. 아무것도 없는 곳일 줄 알

앉던 우주의 한 공간에서 촬영된 사진에는 3,000여 개의 은하가 찍혀 있었다. 먼 우주 저편에도 수없이 많은 은하가 존재한다는 사실이 밝혀진 것이다. 이 사진을 계기로 인류는 우주의 규모와 형태, 역사에 대한 지식을 비약적으로 넓혔고, 심우주에 대한 관심을 더욱 기울이게 됐다.

우주망원경과학연구소는 1998년에 또 한 번 심우주를 관측했다. '허블 딥 필드 사우스'라고 불리는 이 관측에서도 수천 개의 은하가 발견됐다.

2003년에도 역시 우주의 빈 공간을 촬영했는데 이는 '허블 울트라 딥 필드'라고 이름 붙여졌고, 2012년에는 '허블 익스트림 딥 필드'라는 프로젝트 이름으로 텅 빈 공간을 촬영했다.

그리고 그 결과들은 허블 딥 필드와 같았다. 우주의 빈 공간 어느 곳을 촬영해도 허블 딥 필드와 같은 무수히 많은 은하가 찍힌다는 것을 알아낸 것이다. 한 학자의 엉뚱한 생각이 천문학의 역사와 우주 분야에 있어 엄청난 실적을 이끌어냈다고 할 수 있다.

우주를 보는 '인류의 눈' 제임스웹망원경

현재 존재하는 최고의 우주망원경 '제임스웹망원경'은 천문학자는 물론 우주과학에 많은 기대를 걸게 한다. 이 망원경은 나사가 중심이 돼 개발했으며 제작에는 유럽우주국(ESA)과 캐나다우주국(CSA)이 함께 참여했다. '제임스 웹'은 나사의 전 국장으로 우주과학 발전에 이바지한 그의 업적을 기려 나사가 이름을 붙였다.

제임스웹망원경은 허블우주망원경과 스피처우주망원경의 뒤를 잇는 우주망원경이다. 기존 망원경으로 관측할 수 없었던 심우주를 들여다보고, 외계행성, 생명체 거주 가능 행성, 별과 은하 등을 관측하는 게 주요 임무다.

제작에 110억 달러(13조 원)가 들어간 제임스웹망원경은 2040년까지 활동할 수 있을 것으로 나사는 예상하고 있다.

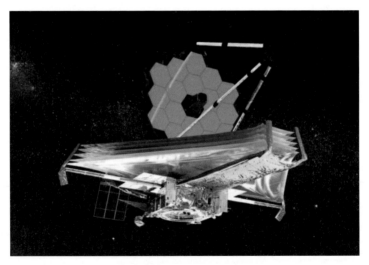

제임스웹우주망원경/사진 출처=나사

이 망원경은 당초 2007년 발사가 목표였지만 제작 과정에서 많은 오류가 착오를 겪어 수차례 지연됐다. 원래 계획대로 2007년에 제임스웹망원경을 우주로 못 보냈던 나사는 2018년 10월로 발사 예정일을 잡았었지만 다시 2019년 3월로 연기됐다.

그러나 2020년 5월로 발사가 미뤄지고 또 2021년 3월로 연기됐으나 역시 우주로 떠나지 못했다. 결국 나사는 제임스웹망경원의 발사 시기를 2021년 10월로 잡고, 드디어 그해 12월 쏘아 올렸다. 여러 차례 연기를 거듭하면서 나름 우여곡절을 겪은 제임스웹망원경은 2021년 크리스마스 날인 12월 25일 프랑스령 기아나에서 발사됐다. 천문학자 등 과학자들은 물론 인류의 기대를 안고 드디어 우주로 나간 것이다.

지구를 떠난 제임스웹망원경은 한 달 뒤 지구에서 150만km 떨어진 '라그랑주' 두 번째 지점(L2)에 도착했다. 라그랑주 지점이란 2개의 천체 사이에서 중력과 원심력이 상쇄돼 실질적으로 중력의 영향을 받지 않는 곳, 즉 두 천제의 중력이 균형을 이루는 지점을 말한다. 태양과 지구에는 5개의 라그랑주 지점(L1, L2, L3, L4, L5)이 있는데 제임스웹망원경은 L2에 자리를 잡았다. L2는 지구와 태양이 일직선이 되는 지점이다.

지구와 달의 거리는 36만~38만km이며, 허블망원경은 지구 상공 600km에 떠 있으니 제임스웹망원경은 매우 멀리 나가 있는 것이다. 허블망원경은 문제가 생길 경우 수리가 가능하지만, 제임스웹망원경은 너무 멀리 있어 수리가 불가능하다.

그렇다면 왜 제임스웹망원경은 이렇게 멀리 있는 걸까? 그 이유는 우선 지구에서 오는 적외선의 영향을 최소화하고, 태양과 달의 빛을 차단하기 위해서다. 5개의 라그랑주 지점 중 L2에 자리 잡은 것도 나름 이유가 있다. L1~L3는 중력이 불완전 평형점이고 L4~L5는 완전 평형점이다. 불완전 평형점은 물체가 그 지점에서 살짝 벗어나면 다시 제자리로 돌아오지 못하고, 반면 완전 평형점 은 약간 벗어나도 다시 제자리로 돌아올 수 있는 지점이다.

우주망원경이 완전 평형점에 위치하면 특별한 조작 없이 계속 그곳에 있을 수 있다. 그런데 문제는 완전 평형점인 L4와 L5는 너 무 안정적이어서 주변의 운석을 끌어당긴다. 이 때문에 자칫 제임 스웹망원경이 운석에 맞아 고장이 날 위험성이 있다.

L3는 태양 반대편에 있어 지구에서 볼 때 망원경이 항상 가려 져 좋은 위치가 아니다. 또 L1은 태양과 가까이 있기 때문에 태양 의 적외선 영향을 받아 역시 위치가 안 좋다. L2는 제임스웹망원 경 하단에 달린 선실드로 태양열과 지구 자외선을 모두 가릴 수 있어 5개의 지점 중 가장 좋은 곳이라고 할 수 있다.

태양을 중심으로 공전하는 제임스웹망원경은 L2에 자리를 잡 은 뒤 주거울을 펼치고 여러 가지 테스트를 거쳐 2022년 7월부터 본격 활동에 들어갔다.

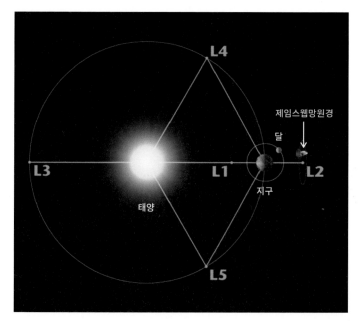

라그랑주 지점

제임스웹망원경의 가장 큰 강점은 가시광선뿐 아니라 적외선도 관측할 수 있다는 것이다. 온도를 가진 모든 물체는 적외선을 방출하는데 이 망원경은 적외선 관측을 통해 별과 주위 행성의 생성 모습을 볼 수 있을 것으로 기대된다.

제임스웹망원경은 외계 행성의 대기도 분석할 수도 있다. 지구와 같은 대기 성분과 물을 가진 행성을 발견한다면 그곳에 생명체가 있을 확률도 높다. 나사를 비롯한 전 세계의 우주과학 기관들에서는 외계 생명체 찾기에 열중하고 있는데, 제임스웹망원경이 그 길을 찾아낼 수 있을 것이다.

제임스웹망원경 등장 이전에는 허블우주망원경이 최강의 우주망원경이었다. 허블망원경을 통해 우주의 나이가 137억 년이라는 것도 알아냈고, 텅 비어 있는 줄 알았던 우주 공간에서 수천 개의 은하 무리를 촬영하는 등 인류는 우주에 대한 새롭고 방대한 지식을 얻었다.

제임스웹망원경이 촬영한 로오피우키 성운/사진 출처=나사

제임스웹망원경은 지구에서 390광년 떨어져 있는 '로 오피우키' 성운을 관측하고 137억 년 전 우주 탄생(빅뱅)후 3억 2,000만 년 뒤 생성된 'JADES-GS-z13-0'를 발견하고 촬영했다.

또 제임스웹망원경이 활동을 시작한 지 1년인 2023년 8월 기준 이 망원경을 통해 얻은 우주 관련 정보·지식으로 750여 편의 논문이 쏟아졌다. 불과 1년 동안 제임스웹망원경이 이룬 업적은 이루 말할 수 없을 정도다. 제임스웹망원경의 성능은 허블망원경의 100배라고 한다. 이 때문에 우주의 기원을 탐구하는 인류는 제임스웹망원경에 많은 기대를 걸고 있는데, 앞으로 이 망원경이 우주의 어떤 비밀들을 풀어 줄지 기다려지는 이유다.

'암흑 우주'의 비밀, 유클리드망원경이 풀어 줄까?

2023년 7월 1일(현지 시간) 유럽우주국(ESA)의 유클리드우주망원경이 발사됐다. 유클리드망원경은 미국 플로리다주 케이프 커내버럴 우주군기지에서 스페이스X의 팰컨9 로켓에 실려 힘차게 우주로 날아갔다. 제임스웹우주망원경과 함께 인류의 눈이 되어 줄 유클리드망원경의 주요 임무는 우주의 95%를 차지하는 것으로 추정되는 암흑 에너지와 암흑 물질을 관측하는 것이다.

유클리드망원경은 지구에서 150만㎞ 거리에 있는 '제2라그랑주점(L2)'에 자리를 잡고 우주의 비밀을 풀어나갈 예정이다. L2는 제임스웹망원경과 가이아우주망원경이 있는 곳이기도 하다.

천문학자들은 우주의 암흑 에너지는 70%, 암흑 물질은 25% 정도일 것으로 추정하고 있지만, 아직 관측된 적은 없다. 유클리드망원경이 앞으로 암흑 에너지와 암흑 물질에 대한 비밀을 풀게 된다. 이 망원경의 임무 기간은 2029년까지이며, 상황에 따라 연장될 수 있다.

나사가 2021년 쏘아 올린 제임스웹망원경은 현재 최고의 우주 망원경으로 평가받고 있다. 유클리드망원경 역시 제임스웹망원경 못지않게 과학자들이 주목하고 있다. 유클리드망원경이 우주의 탄생과 진화에 대한 비밀을 밝히는 데 크게 이바지할 것이라는 기대감 때문이다.

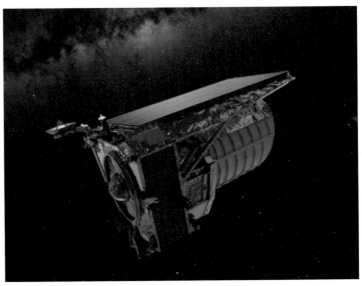

유클리드우주망원경/사진 출처=유럽우주국

유클리드망원경은 L2에서 수개월간 시험 가동에 들어간 뒤 최대 20억 개의 은하를 관측하는 등 본격적인 임무를 수행한다. 제임스웹망원경은 먼 곳에 있는 별과 우주를 확대해서 찍는 인물 카메라와 같고, 유클리드망원경은 별과 우주 전반을 넓게 담는 풍경 카메라다. 유클리드망원경에는 대형 가시광선 관측기와 근적외선 분광계·광도계가 실려 있다. 가시광선 관측기는 100억 광년 밖의 빛까지 포착할 수 있는데, 입체(3D) 우주 지도를 그린 뒤 지도에 나타나는 중력렌즈 현상을 분석할 예정이다. 중력렌즈 현상이란 수십억 광년 밖의 은하나 천체에서 오는 빛이 중간에 있는 다른 천체들의 중력 영향을 받아 왜곡되는 현상을 말한다. 중력렌즈 현상에서 우리가 알고 있는 물질의 영향을 제거하면 암흑 물질과 암흑 에너지의 존재를 계산할 수 있다.

천문학계는 오랜 기간 관측과 연구를 통해 우주는 팽창하고 있고, 그 팽창 속도는 빨라지고 있다는 것을 알아냈다. 만약 우주에 우리가 눈으로 볼 수 있는 별과 은하만 존재한다면 그들 간 끌어당기는 중력에 의해 우주는 팽창이 아닌 수축을 할 것이다. 팽창 중인 우주에는 결국 우리가 모르는 에너지, 즉 암흑 에너지가 존재할 것이라고 추측하는 이유다.

페가수스자리의 은하들. 우주를 촘촘히 차지한 것 같은 은하와 별들은 전체 우주의 5%밖에 안 된다고 한다. 나머지 95%는 암흑 에너지와 암흑 물질이 차지하고 있는 것으로 과학자들은 추정하고 있다./사진 출처=나사

암흑 에너지가 우주를 팽창시키는 힘이라면 암흑 물질은 중력과 관련이 있다. 나선은하를 관찰하면 빛은 중심부에 몰려 있고 바깥으로 갈수록 옅어진다. 만약 관측된 물질로만 구성되어 있다면 바깥으로 갈수록 회전 속도가 줄어들겠지만 실제 은하 중심부와 바깥 회전 속도는 같다. 이는 알 수 없는 물질이 있다는 것이고, 과학자들은 암흑 물질의 중력이 작용하는 것이라고 보고 있다.

우주의 탄생과 진화에 대한 비밀을 풀기 위해 인류는 오래전부터 노력하고 있으며, 허블우주망원경과 제임스웹망원경이 그 궁금증을 푸는 데 한 걸음 다가갔다. 이제는 유클리드망원경까지 그 대열에 합류해 그동안 인류가 궁금해했던 것들에 대한 해답을 얼마나 가져다줄지 기대된다.

'우주과학 강국의 첫 단추' 누리호 성공 의미는?

2023년 5월, 우리 기술로 만든 한국형 우주발사체 '누리호' 발사가 성공적으로 마무리됐다.

이 누리호에는 인공위성 8기(8대)가 실렸었는데 이 가운데 6기는 지상과 교신에 성공했다. 누리호는 발사체를 설계·제작·시험 등 모든 과정을 우리 기술로 만들었다는 점과 그 발사체에 우리가 앞으로 활용할 인공위성을 탑재해 우주로 보냈다는 점에서 우주과학 성장을 한 단계 올린 쾌거라고 할 수 있다.

우주발사체는 우주로 가는 운송수단으로 많은 나라가 이 분야에 투자를 하고 있다. 미국과 러시아는 1950년대부터 우주발사체 기술을 확보했다. 뒤이어 유럽, 일본, 중국, 인도 등도 우주발사체 기술을 확보해 인공위성과 우주탐사선 발사, 우주 화물 수송 등 우주 개발을 추진하고 있다.

그동안 국내에서 개발한 인공위성들은 모두 해외 우주발사체를

이용해 발사됐다. 한국이 인공위성 자체는 만들 수 있지만 우주발
사체 연구 개발이 늦어 우주발사체를 보유하지 못했기 때문이다.
우주발사체는 국가 간 기술 이전이 제한되어 있어 독자 기술로 우
주발사체를 개발해야 하며, 여기에는 많은 시간과 개발 비용이 필
요하다. 또 기술적 어려움이 많아 기술 확보까지는 많은 시행착오
가 요구된다.

최근에는 미국 민간 우주기업 스페이스-엑스(X)사의 혁신적인
재사용 발사체 등장으로 유럽, 일본 등도 저비용·고효율 발사체
개발을 추진하고 있다. 세계 여러 스타트업에서는 초소형 위성 발
사가 가능한 초소형 발사체를 개발하고 있다. 앞으로 우주개발국
의 지속적인 증가, 소형 위성 개발 증가로 전 세계 상업 우주발사
체 시장은 갈수록 확대될 전망이다.

국내 독자 기술로 개발된 한국형 발사체 누리호. 전남 고흥군 나로우주센터에서 발사돼 우주로 향하고 있다./사진 출처=한국항공우주연구원

우리나라는 한국항공우주연구원(항우연)의 주도로 1993년 1단형 고체추진 과학로켓 'KSR-I', 1998년 2단형 고체추진 중형 과학로켓 'KSR-II', 2002년 국내 최초의 액체추진 과학로켓 'KSR-III' 개발을 통해 로켓 설계 및 제작 능력을 길러 왔다.

이어 우주발사체 개발 능력 확보를 위해 2013년 러시아와의 국제 협력으로 1단 액체엔진과 2단 고체엔진으로 구성된 2단형 우주발사체 나로호를 개발하고 발사에 성공해 우주발사체 기술과 경험을 확보했다.

2023년 5월 우주로 간 누리호는 KSR과 나로호에서 얻은 기술과 경험을 바탕으로 고도 약 600~800㎞의 태양동기궤도에 1.5톤급 실용 위성을 발사할 수 있는 3단형의 한국형 발사체다. 항우연은 오는 2027년까지 누리호 반복 발사를 통해 누리호의 신뢰성을 제고하고 발사체 기술의 민간 이전을 추진할 계획이다.

누리호에 사용되는 엔진은 75톤급 액체엔진과 7톤급 액체엔진으로 1단은 75톤급 엔진 4기를 클러스터링해서 구성하고, 2단에는 75톤급 엔진 1기, 3단에는 7톤급 엔진 1기가 사용됐다.

누리호 개발 사업은 1단계에서 추진기관 시험설비 구축과 7톤급 액체엔진 연소시험, 2단계 목표인 75톤급 액체엔진 개발과 시험 발사체 발사를 2018년에 성공했다. 시험 발사체는 75톤급 액체엔진의 비행 성능을 확인하기 위해 75톤급 액체엔진 1기로 구성된 1단형 발사체로 우리나라는 시험 발사체 발사 성공으로 세계 7번째로 75톤급 이상의 중대형 액체 로켓엔진 기술을 확보하게 됐다. 이후 75톤급 엔진 4기를 하나로 묶는 클러스터링 기술이 적용된 1단 종합 연소 시험을 수행했으며, 2021년 10월 21일 누리호 1차 비행 시험이 진행됐다. 또 2022년 6월 21일 2차 비행 시험을 통해 누리호 발사에 성공했으며, 2023년 5월 25일 3차 발사를 성공했다.

나로호는 러시아 기술 엔진으로 발사한 한국 최초의 발사체인 반면, 누리호는 순수 우리 기술로 개발한 엔진으로 우주로 향하는 최초의 발사체다. 나로호와 누리호의 가장 큰 차이는 엔진이다. 총 2단으로 구성된 나로호 로켓의 1단(170톤)을 러시아가 개발하고 2단만 우리가 개발했다. 누리호는 발사체의 모든 구성품을 한국이 독자 개발했다.

누리호 발사 성공은 세계에서 7번째로 중량 1톤의 실용급 위성 발사국이란 의미를 갖는다. 1톤급의 실용급 위성 발사국은 러시아, 미국, 프랑스, 중국, 일본, 인도 등 6개뿐이었으며, 이제 한국이 그 대열에 합류한 것이다. 이스라엘과 이란, 북한 등은 300kg 이하 위성을 지구 궤도에 올릴 수 있는 능력만 보유하고 있다.

한국의 달 탐사선 '다누리', 달 개척 선봉에 설까?

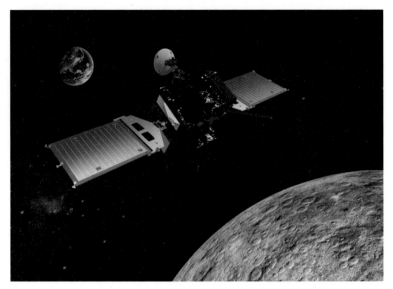

달 궤도를 돌고 있는 다누리의 상상도/사진 출처=한국항공우주연구원

지구의 위성이자 우리가 가장 가까이 볼 수 있는 천체 달. 1960
~1970년대 미국과 소련(현 러시아)이 달 탐사 경쟁을 벌였는데,
1972년 12월 미국 나사의 '아폴호 17호' 달 착륙 이후 달에 대한
관심은 줄었다. 하지만 최근 각 나라들의 관심은 다시 달을 향해
있다. 우리나라 역시 달 탐사 경쟁에 뛰어들어 2022년 8월 달 탐
사선 '다누리(Danuri)'를 보냈다.

다누리는 한국항공우주연구원(항우연)을 중심으로 개발됐다. 다누리
는 연료 무게 260kg을 포함해 총 무게는 678kg이며, 크기는 가로·세
로 약 2m, 태양전지판을 펼친 모습까지 하면 6m쯤 된다. 2022년 8월
5일 발사된 다누리는 4개월 반 뒤인 12월 26일 달의 목표 궤도에 성공

적으로 진입했다. 이로써 한국은 세계 7번째 달 탐사국 반열에 올랐다.

다누리는 미국의 민간 우주탐사 기업 스페이스-엑스(X)의 펠컨 9 로켓에 실려 달로 갔다. 그런데 우리나라도 얼마 전 '누리호'라는 자체 로켓을 통해 인공위성을 지구 궤도에 올렸는데 왜 미국에 의존해 다누리를 달로 보냈을까 궁금해하는 이들도 있을 것이다.

그 이유는 아직 한국의 로켓은 달까지 보낼 수 있는 성능이 안 되기 때문이다. 반면 스페이스-X의 로켓은 달까지 다누리를 운반할 수 있을 뿐 아니라 비용적인 면에서도 가장 경제적이다.

다누리는 지구를 떠난 지 4개월 반 만에 목표한 달 궤도에 도착했는데, 달 탐사나 우주과학에 조금이라도 관심이 있는 사람이라면 미국은 달에 갈 때 3일 만에 갔다는 것을 알고 있을 것이다. 하지만 왜 다누리는 4개월 반씩이나 걸린 걸까? 그 이유는 바로 연료 문제 때문이다. 달에 가는 방법은 여러 가지가 있는데, 우선 '직접 전이'라고 해서 지구에서 달까지 직선으로 바로 가는 것이다. 이렇게 하면 달까지 3~6일 정도 걸린다. 그런데 직접 전이는 빨리 가지만 연료가 엄청 많이 필요하다. 즉 비용이 많이 든다.

'위상 전이'라는 방법으로 달에 갈 수도 있다. 이는 지구와 달, 태양 등 천체의 중력을 이용해 추진력을 얻는 방법으로 처음에는 지구 주위를 빙글빙글 공전하면서 점점 원을 크게 그리며 돌다 차츰 달로 이동한다. 그리고 달 궤도에 들어서면 큰 원에서 점점 작은 원을 그리며 목표한 궤도로 진입하는 방식이다.

달에 가는 방법 중 '탄도형 전이'라는 것도 있다. 탄도형 전이는 태양 쪽으로 먼저 가서 그곳의 중력을 이용하는 것이다. 지구에서 태양 쪽으로 가다 보면 156만km 지점에 태양과 지구 중력이 균형을 이루는 '라그랑주 점'이라는 곳이 있는데, 이 중 'L1' 지점에서 조금만 속도를 높이면 탄력을 얻게 되고, 그 힘으로 달 쪽으로 향하는 것이다. 그리고 달 궤도에 도착하면 목표한 궤도까지 바로 가는 게 아니라 처음에는 달 궤도를 크게 돌다 조금씩 궤도를 좁히는 방식이다.

다누리는 탄도형 전이 방식으로 달에 갔다. 지구와 달까지의 거리는 평균 36만~38만Km지만 다누리는 엄청 돌아가다 보니 총 732만㎞라는 거리를 이동했다. 탄도형 전이는 고난도의 기술이 필요해 실패 확률도 높은 대신 연료를 상당히 절약할 수 있다.

다누리가 달에서 찍은 지구의 모습/사진 출처=한국항공우주연구원

2022년 12월 26일 목표 지점인 달 100km 상공에 도달한 다누

리는 2시간에 한 바퀴씩 달을 공전하며 여러 임무 수행을 하고 있다. 우리나라는 2032년까지 또 달에 탐사선을 보낼 예정인데, 이때는 달 표면에 착륙해 달 탐사를 할 예정이다. 다누리의 임무 중 하나가 우리나라의 달 착륙 탐사선의 적합지를 찾아내는 것이다.

미국 나사는 2026년까지 달에 다시 사람을 보내는 유인 탐사를 추진 중이고, 유인 탐사선의 착륙 적합지를 선정하는 데 다누리가 촬영한 사진의 도움을 받기로 했다. 다누리가 미국 유인 달 탐사의 선발대 역할도 하는 것이다. 다누리는 또 탐사선 착륙 적합지뿐 아니라 달의 여러 지역을 촬영하고, 달 주변의 자기장과 감마선·방사선도 측정한다.

그동안 다누리가 보내온 달 사진을 보면 모두 흑백인데 그 이유가 궁금한 사람들도 있을 것이다. 다누리 사진이 흑백인 이유는 달 사진은 컬러 사진이 필요 없기 때문이다. 항우연은 "달의 모습은 화려한 색상이 아닌 흰색과 검은색이 대부분이고, 다누리의 임무 중 하나가 달 표면을 촬영하는 것이어서 컬러 사진은 큰 의미가 없다"며 "따라서 무게가 많이 나가는 고해상도 컬러 카메라는 비용도 많이 들고 실효성이 없어 다누리에는 흑백 카메라를 장착했다"라고 설명했다.

우주 인터넷 환경에 대한 테스트도 다누리의 역할 중 하나다. 지구에서 달까지 인터넷 사용 가능성을 실험하는 것이다.

달의 자원 탐사도 다누리의 중요 임무다. 달에는 네오디뮴, 히

토륨, 세륨, 헬륨-3 등이 풍부하다. 특히 과학자들이 주목하는 자원은 헬륨-3다. 지구로 헬륨-3를 가져와 에너지화한다면 현재 원자력 발전의 5배 정도의 에너지를 생산할 수 있는데, 헬륨-3는 탄소도 나오지 않고 방사성 폐기물도 거의 없어 친환경적이다.

달의 헬륨-3는 태양으로부터 오는데 끊임없이 쌓이고 있으니 그야말로 재물이 계속 나오는 보물단지인 화수분과 같은 것이라고 할 수 있다. 달의 헬륨-3를 이용한다면 앞으로 인류는 몇 세대 동안 에너지 걱정이 없다고 하니 그야말로 꿈의 에너지다.

지금도 열심히 달을 탐사하며 사진을 찍고, 달 환경을 측정하고 있는 다누리는 관련 자료들을 지구로 보내고 있다.

2009년 개봉한 영화 〈더문〉의 한 장면. 달에서 헬륨-3를 채취하고 있다.
/사진 출처=구글 캡처

다누리는 임무 기간이 원래 2023년 말까지였지만 잔여 연료량 등을 고려해 과학기술정보통신부와 항우연은 2025년 말까지 임무 기간을 연장했다.

과학자들은 앞으로 세계 각 나라들이 달 자원 확보 등을 위해 달을 두고 치열한 경쟁을 펼칠 것이라고 전망한다. 다행히 우리나라는 달 탐사 대열에 늦지 않게 뛰어들었으니 달 개척에 대한 기대도 커지고 있다.

지구 위에 떠 있는 '눈' 인공위성… 왜 안 떨어질까?

우리나라는 자체적으로 개발한 로켓 누리호를 통해 인공위성을 지구 궤도에 올렸다. 북한도 우리가 누리호를 발사한 지 6일 후인 2023년 5월 31일 인공위성(북한은 인공위성이라고 주장하지만 국제사회는 장거리 미사일이라고 보고 있음.)을 쏘았지만 지구 궤도에 올리는 데는 실패했다.

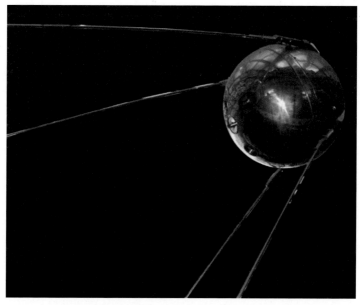

세계 최초의 인공위성 스푸트니크 1호/사진 출처=구글 캡처

인공위성이란 천체 주위를 돌도록 만든 인공 구조물이다. 세계 최초의 인공위성은 지난 1957년 소련(현재 러시아)이 쏘아 올린 '스푸트니크 1호'다. 이후 각 나라들이 인공위성을 지구 위로 보냈고 현재 지구 주변에는 세계 각국에서 쏘아 올린 인공위성이 정말 많은데, 그동안 인류는 8,000여 개의 인공위성을 지구 궤도에 올렸다. 현재 지구 위에는 5,000여 개의 인공위성이 있고, 그 가운데 지구와 교신을 하며 작동하는 것은 3,000여 개이다.

인공위성의 역할은 다양하다. 기상 관측(일기예보), 정찰(군사 활동), 통신(TV, 라디오, 휴대전화, 내비게이션) 등 다양한 방면에서 활용된다.

지구 위에 떠 있는 인공위성의 모습

인공위성은 비행기나 우주선처럼 연료를 사용하지 않는데 왜 지상으로 떨어지지 않고 지구 위 주변을 돌 수 있을까? 이런 궁금증도 한 번쯤은 가져 봤을 것이다.

그 이유는 인공위성은 고속으로 원운동을 하며 비행하기 때문이다.

예를 들어, 공을 던지면 언젠가는 떨어지는데, 세게 던질수록 더 멀리 나간다. 공을 세게 던져도 언젠가는 땅에 떨어진다. 그 이유는 지구가 끌어당기는 힘인 중력의 영향이 가장 크기 때문인데, 만약 이 공의 속도가 초속 7.8㎞ 넘게 되면 중력의 영향에서 벗어나 계속 나아가게 된다. 단 조건은 공기의 저항이 없어야 한다는 것이다. 인공위성의 속도는 최소 초속 7.8㎞이다. 그리고 대기권을 벗어나 있기 때문에 공기의 저항을 받지 않아 속도가 줄지 않는다. 인공위성이 대기권을 벗어난 후 초속 7.8㎞의 속도를 한 번만 내면 계속 비행할 수 있는 것이다.

우리나라의 최초 인공위성 우리별 1호/사진 출처=카이스트

우리나라는 미국이나 소련 등 우주과학 선진국에 비해 인공위성을 늦게 올렸다. 1987년 '항공우주산업개발 촉진법'이 마련된 후 1989년 9월 한국과학기술원(KAIST·카이스트)에 '인공위성연구센터'가 설립됐다. 그리고 1992년 8월 우리나라 첫 인공위성인 '우리별 1호'를 발사했다. 당시 한국은 발사체(로켓) 기술이 없어 우리별 1호는 유럽우주기구(ESA)가 제작한 '아리안 로켓'에 실려 프랑스령인 남미 기아나 쿠루 기지에서 발사됐다. 그런데 이 우리별 1호는 소유권과 운영권이 우리에게 있을 뿐 제작은 영국의 서레이대학교에서 했다. 우리별 1호 개발의 모든 과정을 영국이 한 것이다. 1993년에는 순수 우리 기술로 제작한 '우리별 2호'가 역시 기아나 쿠루 기지에서 발사됐고, 1999년에는 인도 스리하리코타에서 '우리별 3호'가 우주로 떠났다. 이후 우리나라는 '아리랑', '과학기술위성', '천리안', '무궁화', '한누리'를 비롯해 최근 누리호에 실렸던 '도요샛' 등 20여 기의 인공위성을 지구 궤도에 올렸다. 한국은 1992년 처음으로 우리별 1호를 발사했으니, 인공위성의 역사는 30년이 넘었다.

그동안 인공위성은 대전의 한국항공우주연구원(항우연)에서 관리했다. 2022년 11월 제주도 제주시에 '국가위성운영센터'를 개소했다. 이 센터는 항우연으로부터 위성 운영을 이관받아 우리가 쏘아 올린 위성들을 관리한다. 한국은 2030년까지 운영하는 위성을 70기까지 늘릴 예정인데, 국가위성운영센터가 모든 관리를 담당하게 된다.

인류가 인공위성을 개발한 지는 아직 100년이 채 되지 않았지만 그 쓰임은 정말 다양하고 유용하다. 앞으로 더욱 발전할 인공위성이 우리 생활에 어떤 이로움을 가져다줄지 기대된다.

늘어나는 우주 쓰레기… 지구가 위태롭다

지구의 환경 오염은 날로 심각해져 가고 있다는 것은 누구나 잘 알고 있고, 이에 전 세계 모든 국가가 나서 환경 오염 방지를 최우선 과제로 삼고 있다. 환경 오염의 원인은 여러 가지가 있지만 그 중에서도 쓰레기가 주범으로 꼽힌다. 지금 온통 지구촌은 이 문제로 골머리를 앓고 있다.

그런데 지구뿐 아니라 우주 쓰레기도 우리 지구를 위협하고 있다는 것을 알고 있는가? 우주 쓰레기는 지구 궤도에 떠 있는 인공 물체를 말한다. 정확히는 우리가 쏘아 올린 인공위성 중 수명이 다 돼 작동하지 않거나 인공위성끼리 충돌해 생긴 파편들이다.

1957년 소련(현 러시아)이 최초로 '스푸트니크 1호' 인공위성을 발사한 후 그동안 인류가 쏘아 올린 인공위성은 8,000여 개이며, 지구 위에 떠 있는 1cm 이상 크기의 우주 쓰레기는 90만 개 정도 된다. 1cm 이하 크기까지 합하면 지구 위 우주 쓰레기는 100조 개가 넘을 것으로 과학자들은 추측하고 있다. 인류는 지구뿐 아니라 우주에서도 쓰레기를 만들고 있는 셈이다. 우리나라를 비롯해 세계 각국이 앞으로 더 많은 인공위성을 쏘아 올릴 계획이어서 우주 쓰레기는 더 늘어날 것이다.

우주 쓰레기가 문제가 되는 것은 가끔 지구로 추락해 인명 피해를 낼 수도 있기 때문이다. 또 우주 쓰레기는 초속 7~11km로 움직여 우주선과의 충돌하면 큰 피해를 입을 수 있고, 지구의 기압을 변화시킬 수도 있다. 특히 우주 쓰레기에는 독성이 강한 로켓 연료의 잔류물과 우주에서 받은 방사선 등이 묻어 있어 지구로 떨어지면 환경과 생태계까지 파괴할 수 있다. 그래서 유럽우주국(ESA)과 미국 나사는 우주 쓰레기를 수거할 수 있는 방안을 연구하고 있다. 이런 노력은 반드시 필요하지만, 우주 쓰레기를 만들지 않도록 하는 게 더 중요하다.

미국의 경우 우주 쓰레기를 만드는 업체에 처음으로 벌금을 부과하면서 우주 환경 문제에 적극적으로 대처하고 있다. 2023년 10월 초 미 연방통신위원회(FCC)는 "미국의 위성·케이블 방송사인 디시 네트워크가 구형 위성을 현재 사용 중인 위성들과 충분히 격리하지 못했다"며 15만 달러(약 2억 원)의 벌금을 물렸다.

문제가 된 위성은 디시 네트워크가 2002년 쏘아 올린 에코스타-7 위성인데 지구 표면에서 3만 6,000㎞ 높이에 있는 정지 궤도에 처음 올려졌다. 디시 네트워크는 이 위성을 299㎞ 더 멀리 보낼 계획이었지만, 2022년 위성 수명을 다할 때까지 연료 손실로 122㎞ 보내는 데 그쳤다. 결국 우주 쓰레기로 전락한 에코스타-7은 현 궤도에서 다른 위성과의 충돌 위험을 안고 지구 주위를 계속 떠돌고 있는 실정이다.

　로얀 에갈 FCC 집행국장은 "위성 운영이 더욱 보편화되고 우주 경제가 성장함에 따라 위성 업체들이 관련 규정을 지켜야 한다"며 "이번 벌금 부과가 우주 쓰레기 발생을 억제할 획기적 해법이 될 것이다"라고 평가하기도 했다.

　지구는 우주에 속해 있다. 우주가 병들면 결국 지구도 병들게 됨을 인지하고 있어야 한다.

· ·

제7부

외계 생명체는 어디에 있을까?
또 우리는 그들과 언제쯤 만날 수 있을까?

이 우주에 생명체는 지구에만 존재할까?

우주에 대한 관심 유무에 상관없이 누구나 '외계인은 있을까'라는 궁금증을 가져 봤을 것이다. 이는 과학자들의 관심사이면서 또 인류의 큰 관심사 중 하나다.

천문학계에서는 외계인을 '외계 생명체'라고 칭한다. 지구 외 다른 행성이나 위성에 생명체가 존재한다면 그게 우리 인류와 같은 사람의 모습일지 아니면 박테리아 같은 미생물일지, 개·고양이와 같은 짐승의 모습일지 알 수 없기 때문에 이런 모든 생물을 총칭해 '생명체'라고 말한다. 외계 생명체와 관련해 흔히 '너는 외계인을 믿느냐'고 물어보는 데 외계 생명체는 신앙과 같은 믿음의 대상이 아니다. 과학적으로 접근해야 하는 영역이다. 그렇다면 우주를 연구하는 우주과학자들은 외계 생명체에 대해 어떻게 생각할까? 우선 결론부터 이야기하자면, 과학자들은 외계 생명체가 존재한다고 보고 그들을 찾고 있다.

일러스트 출처=픽사베이

오래전부터 과학자들 사이에서도 외계 생명체의 존재 여부를 두고 의견은 분분했다. 그러다 과학자들이 외계 생명체는 있다고 결론 내린 것은 그리 오래되지 않은 1900년대 들어서다. 이들이 외계 생명체 존재 여부에 대해 늦게 결론을 내린 것은 과학적 근거가 필요했기 때문이다. 외계 생명체를 직접 만나지는 못했어도 그럴 가능성이 있다는 데이터가 과학계에서는 중요하다. 과학자들이 외계 생명체가 존재한다고 보는 이유는 우주의 크기를 알게 되면서부터.

지구가 속한 우리은하에는 우리 태양계와 같은 항성계(태양계)가 2,000억~4,000억 개 있고, 이런 은하는 현재 관측 가능한 우주에서 수천억 개에 이른다. 그리고 지구·화성과 같은 행성, 달과 같은 위성은 우주에 '경' 단위를 넘어 '해' 단위 또는 그 이상이 있다. 수학적인 계산으로만 따져 봐도 지구에만 생명체가 있다는 것 자체가 말이 안 되는 것이다. 현시대 최고 천문학자로 꼽히는 칼 세이건은 "이 우주에 지구에만 생명체가 있다면 이는 엄청난 공간 낭비다"라고 말했을 정도로 외계 생명체의 존재를 확신했다.

이처럼 우주를 연구하는 전문가들은 외계 생명체의 존재에 대한 의심을 더 이상 하지 않는다. 문제는 외계 생명체의 존재를 직접 확인하고 또 그들과 교류를 할 수 있을지가 관건이다. 이에 과학자들은 외계 생녕체를 찾고, 그들과 만나기 위해 많은 노력을 하고 있다.

'콘택트' 조디 포스터처럼 외계 생명체를 찾을 수 있을까?

지구인과 외계인의 만남을 다룬 조디 포스터 주연 영화 〈콘택트〉의 한 장면
/사진 출처=구글 캡처

우주의 크기를 알아내고 여러 가지 데이터를 확보한 과학자들은 지구 외 다른 행성이나 위성에도 외계 생명체가 존재할 것이라고 결론 내리고 그들을 열심히 찾고 있다. 이와 관련해 지난 2018년 타계한 우주물리학자 스티븐 호킹 박사는 "외계 생명체는 어딘가에 분명히 있지만 그들과 일부러 접촉하지 않는 게 좋다. 그들이 지구와 인류에게 위협이 될 수 있기 때문이다"라고 경고한 바 있다. 그러나 미국 나사를 비롯한 각 나라의 우주 관련 연구기관과 과학자들은 호킹 박사의 걱정은 기우에 불과하다며 어딘가에 있을 지적 외계 생명체 찾기에 노력 중이다.

과학계의 대표적인 외계인 찾기 노력은 '세티(SETI·Search for Extra-Terrestrial Intelligence) 프로젝트'다. '외계 지적 생명체 탐사 계획'인 이 프로젝트는 지구와 비슷하거나 그 이상의 문명을 가진 외계인도 전파를 사용할 것이라는 전제하에 전파망원경으로 우주에서 오는 전파를 분석해 그중에서 인위적인 전파를 찾아내는 것이다.

1896년 과학자 니콜라 테슬라가 우주의 전파를 분석해 보자고 제안한 게 세티 프로젝트의 바탕이 됐으며, 1960년 미국의 코넬대학교에서 이를 본격적으로 시작했다. 이후 나사도 이 프로젝트에 참여를 하다 현재는 민간 영역으로 넘어가 '세티연구소'라는 비영리 단체가 외계 지적 생명체 탐사를 주도하고 있다.

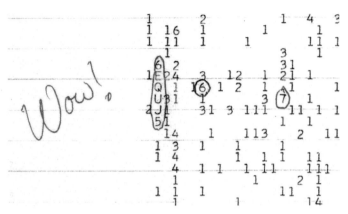

와우(Wow) 신호를 기록한 전파망원경 수신 기록지/사진 출처=나사

1977년 8월 15일 미국 오하이오주립대의 전파망원경이 궁수자리로부터 자연적으로 발생한 게 아닌 인위적으로 만들진 것으로 보이는 전파를 72초 동안 잡아냈다. 당시 흥분의 도가니에 빠진 연구진들은 "와우(Wow)"라고 소리를 쳤고, 이때부터 이 전파를 '와우 전파'라고 부르고 있다. 와우 전파는 72초 동안 잠시 잡힌 것 외에는 별다른 진전이 없었다. 이 전파가 외계인의 전파인지는 알 수 없다. 하지만 과학자들 사이에서는 세티 프로젝트가 허황된 작업이 아닌 의미 있는 도전으로 자리 잡게 됐다.

와우 전파 이후 2007년과 2008년, 2012년에도 인위적인 것으로 추정되는 전파가 잡혀 과학자들에게 세티는 계속 진행해야 할 과제로 자리 잡았다. 최근 과학계에서는 인공지능을 세티 프로젝트에 접목해 그 정확도를 높이고 있다.

천문학자 칼 세이건은 세티 프로젝트를 아이디어 삼아 지구인과 외계인의 만남을 그린 소설 《콘택트》를 집필했고, 이 작품은 1997

년 배우 조디 포스터가 주연한 영화 〈콘택트〉로도 만들어졌다.

세티 프로젝트의 특징은 우주과학 전문가들뿐 아니라 개인용 컴퓨터(PC)만 있으면 누구나 참여 가능하다는 것이다. 세티 홈페이지에 접속해 관련 프로그램을 다운로드하면 세티연구소와 연결되어 있는 각 나라의 전파망원경의 데이터를 받아보고 또 스스로 분석할 수 있다. 현재 세티 프로젝트에는 한국과 미국 등 세계의 수많은 일반인 우주과학 마니아들이 참여하고 있다.

세티 홈페이지 메인 화면/사진 출처=세티 홈페이지 캡처

과학자들은 외계 생명체를 향해 우리의 존재를 알리는 노력도 하고 있다. 1977년 나사가 우주로 보낸 탐사선 보이저 1호와 2호에는 지구의 소리와 언어, 우리가 사는 모습을 담은 사진 등이 실린 레코드판을 탑재했다. 보이저호가 우주를 떠돌다 지적 외계 생명체에게 발견될 경우 지구에도 생명이 있다는 것을 알리기 위해서다. '골든 레코드'라고 불리는 이 레코드판의 수명은 10억 년가량이다. 보이저호보다 앞선 1972년과 1973년에 지구를 떠난 파이어니호 10호와 11호에는 지구의 위치와 인류의 생김새가 그려진

그림이 담겨 있다. 보이저호와 마찬가지로 파이어니어를 지적 외계 생명체가 발견했을 때를 대비한 것이다.

외계 생명체를 찾기 위한 지구인의 노력은 이렇게 다양하게 펼쳐지고 있는데 그렇다면 과연 외계 생명체는 도대체 다 어디에 있고, 얼마나 있는 걸까?

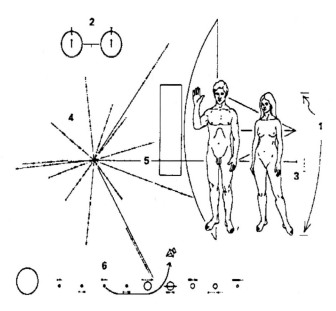

파이어니호에 실린 인류의 생김새와 태양계, 지구의 위치를 담은 그림/사진 출처=나사

외계 생명체, 다들 어디에 있을까?

우리 인류는 태양계에서 지구와 가장 비슷한 행성인 화성에 로버를 보내 생명체의 흔적을 찾고 있고, 1960년부터는 '세티 프로젝트'를 통해 외계의 지적 생명체가 보냈을 수 있는 전파 신호를 탐지하고 있다. 우리 지구가 속해 있는 우리은하에는 태양과 같은 항성계가 2,000억~4,000억 개 정도 있다. 앞서 언급했듯이 이런 은하가 현재 관측 가능한 우주에 수천억 개가 있는데 수학적인 계산으로만 따져 봐도 우리 지구에만 생명체가 있을 리가 만무하다는 게 과학자들의 중론이다.

특히 과학자들은 지구와 같은 혹은 그 이상의 문명을 가진 지적 외계 생명체가 먼 은하도 아닌 우리은하에도 존재할 것이라고 추측하고 있다. 그렇다면 과연 우리은하에는 지구인과 교신이 가능한 생명체는 얼마나 있을까? 이에 외계 지적 생명체 탐구의 선구자로 꼽히는 미국의 천문학자 프랭크 드레이크는 우리은하 내에서 지구와 교신할 수 있는 문명을 가진 생명체가 얼마나 있는지 추론할 수 있는 방법을 고안했다. 1961년에 만들어진 이 계산법을 '드레이크 방정식'이라고 한다.

드레이크 방정식은 다음과 같다.

〈드레이크 방정식〉

N	=	$R^* \times fp \times ne \times fl \times fi \times fc \times L$
N	=	우리은하 내에 존재하는 인간과 교신이 가능한 문명의 수
R^*	=	은하 안에 있는 항성들의 총 수(또는 별들이 생성되는 비율)
fp	=	항성이 항성계를 가지고 있을 확률
ne	=	항성에 속한 행성 중 생명체가 살 수 있는 행성의 수
fl	=	그 행성에서 생명체가 발생할 확률

fi	=	발생한 생명이 지적인 생물체로 진화할 확률
fc	=	그러한 지적인 생명체가 탐지할 수 있는 신호를 보낼 수 있을 정도로 발전할 확률
L	=	위의 모든 조건을 만족하는 생명체가 존재할 수 있는 기간

이렇게 계산을 하면 우리은하에는 지구와 교신 가능한 외계 생명체가 있는 행성이 최소 36개라고 나온다. 드레이크 방정식의 정답은 사실상 없다. 어떤 값을 넣느냐에 따라 결과가 달라진다. 즉 우리은하의 항성 수, 각 항성이 행성 등 항성계를 거느릴 확률은 천체 관측자·연구자에 따라 차이가 있기 때문이다. 드레이크 방정식에서 도출된 지구와 교신 가능한 행성이 36개라는 것은 여러 천문학자들이 연구한 결과를 평균값으로 낸 것이다. 따라서 실제 지적 생명체가 있는 행성의 수는 36개보다 많을 수도 적을 수도 있다.

지난 2014년 7월 미국에서는 나사 주최로 외계 생명체 탐사에 대한 회의가 열렸다. 당시 나사는 "인류가 관측 가능한 우주에는 생명체가 존재할 가능성이 있는 행성이 1억 개가량 있고, 앞으로 20년 안에 외계 생명체를 찾을 수 있을 것"이라고 발표한 바 있다. 외계 생명체 존재 여부는 이제 더 이상 논쟁거리가 아니고, 언제쯤 그들과 교신하거나 만날 수 있을지가 과학계의 관심사다. 과학자들은 외계 생명체가 있다고 결론내리고 그들을 찾고 있는데, 과연 그들은 어디에 있고 왜 우리는 아직까지 외계 생명체를 만나지 못하고 있을까?

지난 1950년 미국 뉴멕시코주 로스앨러모스에서 4명의 천문학자들이 모여 점심을 먹었다. 여기에 모인 사람들은 에드워드 텔러, 허버트 요크, 에밀 노코핀스키, 엔리코 페르미였다.

엔리코 페르미/사진 출처=구글 캡처

이날의 대화 주제는 외계 문명의 존재 가능성이었다. 당시 이들은 "우리은하에만 2,000억~4,000억 개의 별이 있고, 그 별들이 거느리는 항성계 행성은 무수히 많다", "이렇게 많은 별과 행성이 있으므로 지구와 비슷한 곳도 많을 것이다", "아마 문명을 가진 생명체가 사는 천체는 수십만 개일 것이다" 등의 대화를 나눴다. 이때 이들의 이야기들을 듣고 있던 페르미는 "외계 생명체가 그렇게 많다고 하는데 대체 다들 어디에 있는거야?"라는 질문을 던진다. 페르미의 이 질문이 바로 '페르미 역설'이다.

현재 인류가 관측 가능한 우주의 크기만 920억 광년이고, 별과 행성의 수만 봐도 외계 생명체(외계인)가 존재할 가능성이 매우 크다. 아니 외계 생명체는 어디엔가는 있다. 그런데 왜 우리는 아직까지 그들을 만나지 못하고 있을까?

그래서 과학자들은 페르미가 던진 이 질문이 너무 당연한 것이지만 그동안 고민을 해 보지 않았다는 것을 깨달았다. 그리고 많은 과학자가 페르미 역설에 대해 여러 가지 가설들을 내놓았다.

우선 상당수 과학자는 외계인은 이미 지구에 와 있다고 말한다. 지구에 와 있는 외계인들은 인간들과 자연스럽게 섞여 살거나 영화 〈맨인블랙〉처럼 철저하게 숨어서 살고 있다는 가설이다.

외계인은 이미 과거에 지구를 방문했다는 가설도 있다. 이런 증거들로 일부 과학자들은 피라미드를 내세운다. 고대 이집트는 피라미드와 같은 거대한 건축물을 만들 수 있는 기술이 없었고, 우리보다 문명이 발달한 외계인의 도움으로 피라미드를 건설했다는 내용이다. 또 수천 년 전에 그려진 그림들에서도 유에프오(UFO·미확인 비행물체)와 같은 물체가 그려져 있는 점도 하나의 근거로 제시되고 있다. 그러나 외계인지 현재 지구에 살고 있다거나 과거에 이미 방문했다는 가설은 신빙성이 없다. 그에 대한 확실한 증거나 역사적 자료 등은 존재하지 않고, 이렇다 할 데이터도 부족하다. 사실상 확인되지 않은 하나의 '설'에 가깝다고 여겨진다.

외계의 지적 생명체들이 일부러 지구에 안 오고 멀리서 지켜보고 있다는 가설도 있다. 이를 '동물원 가설'이라고 한다.

한국의 비무장지대를 비롯한 지구의 일부 자연 지역을 사람들이 그대로 놔두는 것과 같다는 것이다. 즉 지구보다 문명이 더 발달한 외계인들이 지구에 간섭하지 않는다는 설이다. 그런데 동물원 가설 역시 이렇다 할 증거가 없는 일부 과학자들의 상상력에 의한 가설에 불과하다.

외계인이 살고 있는 천체와 지구와의 거리는 너무 멀어서 교류와 소통이 불가능하다는 가설도 존재한다. 현재 이 가설은 많은 과학자들에게 지지를 받고 있다. 우리 태양계에서 가장 가까운 다른 태양계(별·항성계)는 '프록시마 센타우리'다. 이곳은 우리 태양계에서 4.2광년 거리에 있다. 빛의 속도로 4년 2개월을 가야 하는 거리다. 이에 천문학자 칼 세이건은 "지적 외계 생명체는 반드시 존재하지만 아직 항성 간 먼 우주를 여행할 만큼의 기술을 습득하지 못해 지구를 방문하지 못하고 있을 것이다"라는 추측을 내놓았다.

서로 너무 멀어서 못 만나고 있다는 가설은 어느 정도 신빙성이 있다. 먼 거리와 가장 빠르게 소통할 수 있는 수단은 현재로서는 '전파'다. 인류가 전파라는 것을 이용해 소통을 하게 된 것은 이제 100년 정도 된다. 전파는 빛의 속도와 같은데 지금까지 우리가 쏘아 올린 전파들은 우주로 100광년 정도 밖에 뻗어 나가지 못했다. 우리은하의 크기만 해도 10만 광년인데 우주적 관점에서 100광년은 아주 짧은 거리에 불과하다. 특히 전파는 뻗어 나갈수록 신호가 약해지고 왜곡되기 때문에 지적 외계 생명체가 지구의 전파를 수신할 수 있는 가능성은 매우 적다.

우리가 외계인을 못 만나는 것을 지구인의 관점이 아닌 외계인에 관점에서도 살펴볼 수 있다.

항성 간 여행을 할 수 있는 기술을 가진 외계인이라고 해도 일부러 지구를 찾아올 필요성이 없다는 주장도 있다. 우리은하에서 지구는 변방에 있는 티끌과 같은 행성에 불과하다. 우주에서 그리 주목할 만한 행성은 아니라는 것이다. 이런 지구를 외계인들이 발견을 못 했을 수도 있고, 혹시 발견했어도 찾아올 이유가 없다.

또 인류가 외계인의 통신 신호를 못 잡고 있다는 가설도 있다. 지구가 생생된 지는 45억 년인데 인류가 문명을 이루고 전파로 통신을 하게 된 지는 이제 겨우 100년이다.

만약 100년 이전에 외계인들이 지구에 통신 신호를 보냈어도 우리는 이를 알지 못했을 것이다. 외계인들이 오래전에 지구와 교신하기 위한 노력을 했지만 답신이 없어 지구에는 지적 생명체가 없다고 결론 내리고 더 이상 지구와 접촉을 시도하지 않다는 것이다.

지구와 외계 문명의 통신 기술이 다르기 때문에 소통이 불가능하다는 가설도 있다. 현재 우리가 사용하는 전파를 외계인이 수신하고 이를 해석할 수 있느냐는 문제인 것이다. 인류는 가장 편리하고 빠르다는 전파를 사용하지만 이는 지구의 기준이고 외계인들은 전파가 아닌 다른 소통 체계를 갖추고 있을 수 있다.

아직 우리와 소통할 수 있는 지적 능력을 갖춘 외계 생명체가 없어 우리가 그들과 소통하지 못한다는 가설도 존재한다. 우주의 역사는 137억 년가량 되는데 과학자들은 현재를 아직 초기 우주라고 추측하고 있다. 이 초기 우주에서 유일하게 지구에만 문명이 존재하고 다른 천체에 있는 생명체는 아직 문명을 이루지 못했다고 보는 가설이다.

이런 가설도 어느 정도 지지를 받고 있는데, 지구처럼 고등 문명이 탄생하려면 수십억 또는 수백억분의 1의 확률이 필요하기 때문이다. 운 좋게 지구는 생명체가 탄생하고 진화할 수 있는 조건이 잘 갖춰져 현재와 같은 문명을 건설했고, 지구 외에는 아직 우리와 같은 문명이 없다는 게 일부 과학자들의 주장이다. 고등 문명이 탄생하기 위해서는 정말 수많은 조건이 필요한데 이렇게 보면 지구는 축복받은 행성이다.

외계 문명은 존재했지만 사라졌을 것이라는 설도 있다. 현재 우리 지구는 환경 오염, 핵전쟁 등의 위험을 안고 있어 인류의 존재 자체를 위협당하고 있는 실정이다. 오래전 다른 천체에서도 우리와 같은 문명을 가진 생명체가 있었지만 내부적인 혹은 외부적인 이유로 이미 멸망하고 없다는 가설이다. 현재 지구의 상황을 감안하면 이 가설도 어느 정도 납득은 간다.

외계 문명이 지구의 존재를 알고 지구인들이 보내는 전파를 받았으나 일부러 답신을 하지 않는다는 주장도 있다. 즉 지구인들이 자신들에게 호의적일지 적대적일지 모르기 때문에 일부러 접촉을 안 한다는 것이다. 이와 관련해서는 고 스티븐 호킹 박사도 비슷한 경고를 했다. 그는 타계하기 전인 2010년에 "외계 생명체는 반드시 존재한다고 보는데, 그들이 지구에 위협이 될 수 있으니 일부러 접촉하려고 노력하지 말라"라고 강력히 조언했다.

이처럼 외계 생명체를 우리가 아직 만나지 못하고 있는 이유들을 여러 가설을 통해 알아봤는데, 현재도 과학자들은 외계 생명체를 찾기 위해 많은 노력을 기울이고 있다.

우리 지구와 인류는 우주적 관점에서는 먼지보다 작은 존재이지만 우주를 탐구하고 또 지적 생명체를 찾기 위한 노력은 방대하다는 점을 보면 언젠가는 지구 외 생명체들과도 교류할 날이 올 수 있겠다.

외계 생명체 찾기가 '불편한' 이들

만약 인류가 다른 천체에서 외계 생명체를 발견하거나 또는 고등 문명을 가진 외계인들과 교신에 성공하면 어떤 일이 일어날까? 이런 일에 일어날 것에 대해 세계의 과학 기구와 단체들은 '그날'을 대비한 매뉴얼을 이미 만들어 놨다.

당장 외계 생명체 발견이나 접촉 가능성이 낮지만 만약 그런 일이 발생하면 파급력은 커지게 된다. 그래서 과학자들은 이런 일을 최대한 혼란스럽지 않게 맞이하기 위한 준비를 해놨다.

만약 외계 생명체의 존재가 확인되면 국제우주항행학회(IAA)가 먼저 분주해진다. IAA는 국제적으로 항공우주의 평화적 발전을 추구하는 학회다. 이곳에는 '세티 검출 후 특별그룹'이라는 조직이 있다. 세티는 지적 외계 생명체를 찾기 위한 프로젝트로 미국 나사를 비롯한 세계 여러 우주 전문 기관들이 협업하고 있다.

IAA 특별그룹의 목표는 외계 생명체의 존재를 확인하는 결정적인 날에 대비하는 것이다. 외계 생명체가 있다는 게 확인되면 이 그룹이 각계에 조언을 하며 관제센터 역할을 하게 된다. 그리고 특별그룹은 이 사실을 국제천문연맹(IAU)에 알리고, 다시 이런 내용은 유엔(UN)에 전달된다. 유엔은 외계 생명체 발견 또는 접촉 사실을 다른 국제 기구와 우주 관련 단체에 전달한다. 이후 언론에 외계 생명체 존재(접촉) 확인을 발표하고 일반인들에게 전달된다.

만약 이런 일이 실제로 벌어지면 중간이 정보가 유출돼 큰 혼란을 불러올 수 있겠지만, 아무튼 과학계는 결정적인 날을 위한 절차가 있다.

나사의 탐사선 큐리오시티가 화성에서 생명체의 흔적을 찾기 위한 활동을 하고 있다.
/사진 출처=나사

이런 일이 일어나면 과학계는 어느 정도 대비를 하고 있기 때문에 그리 큰 충격을 받지는 않을 것이다. 그러나 우주에서 생명체가 거주하는 곳이 지구가 유일하지 않다는 사실이 확인되면 가장 충격을 받을 곳은 종교계인데, 그중에서도 정통 기독교(천주교·개신교)이며 특히 개신교다.

개신교에서는 예수의 탄생에 대해 신이 인류를 구원하기 위해 그 아들을 지구에 보냈다고 한다. 예수는 침팬지나 강아지 등 다른 동물이 아닌 오직 인간을 구원하기 위해 이 땅에 왔고, 이는 오직 지구에서만 일어난 일이라는 게 개신교의 주장이다. 이 같은 내용은 개신교 교리의 핵심이다.

현재 외계 생명체의 존재를 가장 강력히 부인하는 곳도 개신교다. 개신교에서는 "하나님(하느님)이 우주를 창조했고, 생명체는 오직 지구에만 탄생시켰다"라고 말한다. 그리고 현재 개신교계에서 외계 생명체의 존재를 인정하면 이단으로 낙인찍히게 된다.

개신교가 우주의 현상과 법칙을 무시한 건 외계 생명체 존재뿐만이 아니다. 500년 전 천동설(지구를 중심으로 태양계 천체가 움직인다는 이론)과 지동설(태양을 중심으로 지구가 움직인다는 이론)이 충돌했을 때도 개신교에서는 지동설을 인정하면 이는 이단으로 분류하고 종교 재판을 통해 처형하는 등 처벌을 받게 했다.

당시 개신교에서는 우주의 중심은 지구라고 믿었는데 지동설은 예수 탄생 이전인 기원전부터 나왔던 이론이다. 하지만 확실히 입증되지 않은 이상 지동설을 주장하는 것은 개신교 교리에 대한 도전이었다. 이 때문에 갈릴레이 갈릴레오도 지동설을 주장했다가 종교 재판에 섰다. 지구가 태양을 중심으로 돈다는 게 과학적으로 확실히 입증된 지금 기독교에서는 지동설을 부정하지 않는다. 지구가 우주의 중심이라고 여겼던 개신교 교리도 수정됐다.

현재 과학계에서는 외계 생명체의 존재를 확신하고 그들을 찾고 있다. 나사에서도 이번 세기 안에 외계 생명체를 찾을 수 있을 것이라는 전망을 내놨다.

개신교의 교리대로라면 예수가 인류를 구원하기 위해 인간 세계에 내려온 것은 오직 지구에서 한 번 일어나야 되는 일이다. 하지만 하나님이 우주를 창조했다면 지구 외 다른 천체의 생명체들에게도 구원의 기회가 공평하게 주어져야 하지 않을까.

외계 생명체가 발견되면 그동안 이를 부정해 오던 기독교계는 큰 충격에 빠질 것이다. 어쩌면 수천 년 동안 이어진 기독교의 교리가 통째로 흔들리면서 이탈하는 신도들도 많아질 수 있다.

기독교에서 외계 생명체를 인정하지 않는 데에는 그만한 이유가 있다. 2,000년 전 예수가 활동했던 때는 천문학이 그리 발달하지 못해 인간이 우주를 바라보는 시각은 매우 좁았다.

당시 예수가 제자들에게 "예루살렘과 온 유대와 사마리아와 땅끝까지 내 증인이 되라"라고 말했는데, 예수가 말한 땅끝은 스페인이었다. 당시 중동 지역 사람들이 알던 땅끝은 스페인 지역까지가 전부였기 때문이다. 하지만 이제는 과학의 발전으로 지구 곳곳을 다 알고, 이를 넘어 우주의 크기와 천체의 수를 이전보다 더 넓게 보게 됐다. 이런 이유에서 외계 생명체의 존재를 과학계에서는 확신하고 있는 것이다.

개신교가 천동설을 버리고 지동설을 인정했듯이 이제 또 한 번 선택의 기회가 온 것 같다. 계속 외계 생명체를 부정하다 그들이 발견됐을 때 통째로 교리를 잃을 것인지, 아님 지동설을 인정했을 때처럼 현재 과학적 데이터를 바탕으로 한 외계 생명체의 존재를 인정하고 그들에게도 복음을 전파할 준비를 할 것인지 선택할 때가 지금으로 보인다.

그들은 정말 UFO를 타고 올까?

우주와 관련해 전 세계 사람들의 관심사 중 하나가 유에프오 (UFO · Unidentified Flying Object)다. UFO는 말 그대로 '미확인 비행 물체'이다. 간혹 뉴스나 다큐멘터리에 등장하는 UFO에 대해 일부 사람들은 지구 밖 고등 생명체, 즉 외계인이 타고 온 우주선이라고 주장하기도 한다.

UFO에 대한 목격담과 사진, 그리고 UFO에 의한 납치 및 생체 실험 등에 대한 증언들도 꾸준히 돌아다닌다. 하지만 지금까지 나온 UFO 관련 사람들의 목격담·경험은 외계인과 관련성이 없는 것으로 판명됐고, UFO 사진 등도 조작인 경우가 많았다.

그런데 UFO에 대한 관심은 사람들 사이에서 더욱 높아지고 있고, 외계인의 존재를 인정하는 사람들 중 일부는 UFO가 외계인의 지구 방문 증거라고 강력히 주장한다. 나사를 비롯한 세계의 권위 있는 우주 연구 기관들은 외계 생명체는 존재한다고 결론 내리고 그들을 찾고 있어 'UFO와 외계인 연관 짓기'는 쉽게 가라앉

지 않고 있는 실정이다.

UFO와 관련해 가장 의심을 많이 받는 곳은 미국이다. 미국이 오래전부터 UFO와 접촉했으며 외계인과 소통하고 있다는 게 그 핵심이다. 미국의 우수한 과학기술도 외계인으로부터 습득했다는 주장도 많다. 특히 미국 국가정보국(DNI)은 지금까지 UFO 존재 여부에 대한 입장 표명을 꺼려와 의구심은 더욱 커지고 있다.

이런 가운데 2023년 5월 미국 의회에서는 UFO 관련 청문회가 열렸는데 미 해군정보국이 UFO 영상을 공개하면서 그 존재를 인정해 큰 화제를 모았다. 그런데 일부에서는 미국이 UFO 존재를 인정했다는 것을 외계인의 지구 방문을 확인·인정한 것과 동일시하고 있다. 정확히 미국은 외계인의 지구 방문을 확인해 준 게 아니라 자신들이 어떤 것인지 파악하지 못한 비행 물체가 있다는 사실을 인정한 것이다. 따라서 현재 목격되고 있는 UFO가 정말 외계인이 타고 온 우주선이라고 보기에는 무리가 있다.

지금까지 UFO 출현은 세계 곳곳에서 있었고 95%는 외계 생명체와 관련이 없거나 출현 자체가 조작인 것으로 판명됐다. 하지만 해결되지 못한 5% 때문에 UFO는 음모론과 연결되고 사람들은 여기에 더욱 귀를 기울이고 있다.

1990년 스코틀랜드에서 포착된 미확인 비행물체. 당시 이 물체를 촬영한 사람들은 언론사에 제보하려 했지만, 영국 국방부가 이를 막아 32년 만인 2022년 8월에 세상에 공개됐다. 이 물체의 정체는 무엇인지 현재도 밝혀지지 않고 있다./사진 출처=영국 데일리메일

음모론을 믿는 사람들은 인터넷 등을 활용해 그 증거를 열심히 전파하고 있다. 그런데 지금까지 노출된 UFO 관련 자료와 내용들은 미디어에 의해 만들어지거나 미디어에 의해 과도하게 포장된 게 많다. 그동안 UFO · 외계인은 미디어와 밀접한 관계를 유지해 온 게 사실이다. 미디어가 외계 생명체를 본격적으로 다룬 것은 190년 전이다.

1835년 8월 25일, 창간된 지 2년 된 미국의 타블로이드 신문 '뉴욕선'은 달 표면을 관측한 기사를 보도했다. '위대한 천문학적 발견'이라는 제목으로 실린 당시 뉴욕선의 기사를 보면 달에는 넓은 숲과 바다, 네발 달린 짐승, 날개 달린 인간형 생명체가 존재하고 있었다. 사람들은 경악했고 신문이 불티나게 팔리니 뉴욕선은 6일간 시리즈로 후속 보도를 이어갔다.

지금 생각하면 정말 터무니없는 내용이지만, 당시 유일한 미디어였던 신문이 달을 관측해 이를 보도한 것은 엄청난 일이었고 큰 이슈였다. 뉴욕선의 신문이 잘 팔리자 다른 신문들도 경쟁하듯 재탕 기사를 내보내고 유럽 등 미국 외 다른 나라에도 이런 내용들이 전해졌다. 하지만 뉴욕선의 기사는 실제 달을 관측해 쓴 기사가 아닌 사기극으로 밝혀졌다. 당시 뉴욕선은 달 관측 기사는 '가짜 뉴스'라고 실토하면도 사과는커녕 '풍자'라고 우겼다. 뉴욕선의 기사는 허위임이 밝혀졌지만 이미 외계 생명체는 대중들의 관심사 가운데 한 축으로 자리 잡았다.

'더 뉴욕선'의 달 관측 기사에 실린 삽화/사진 출처=구글 캡처

달 다음으로 화제가 된 곳은 지구의 이웃 행성인 화성이다. 1877년 이탈리아의 천문학자 조반니 스키아파렐리가 화성에서

수로(水路)처럼 보이는 것을 관측했다.

이때 이탈리아어의 수로를 뜻하는 '까날리(canali)'가 영어의 인공적 운하를 뜻하는 '캐널(canal)'로 오역되면서 화성에 지적 생명체가 산다고 사람들은 믿었고, 1898년 미국에서는 화성인의 지구 침공을 다룬 소설 《우주전쟁》이 크게 히트했다. 이후 천문학계는 화성의 운하는 실제가 아니라 착시 현상이라고 발표했지만, 여전히 대중들은 화성인에 열광했다. 이때까지는 외계인의 존재 확인 정도만 미디어에서 다뤘다. 그러나 외계인에 더욱 갈망하는 대중들의 기대에 부응하듯 이제는 외계인들이 지구를 찾아왔다.

제2차 세계대전 중이던 1944년 독일 상공을 비행하던 미국의 B-17 폭격기 조종사들이 둥근 공 모양의 물체를 발견했다. 당시 조종사들은 "이 물체는 밝은 빛을 내고 있었다"라고 증언했다.

정체를 알 수 없는 이 물체에 대해 미국 군 당국은 대공포에 의한 착시 현상, 독일군의 대공포 조준점용 빛 등이라는 가설을 내세웠다. 결국 이 물체의 정체는 끝내 밝혀내지 못했는데, 이때 외계인 추종자들은 이를 고등 외계 생명체가 타고 온 우주선이라고 믿었다. 이때가 UFO의 첫 등장이다.

이후 UFO의 출현은 여러 곳에서 목격담이 들려왔다. 1947년 미국 워싱턴주에서 개인용 비행기를 몰던 한 조종사는 연꼬리 모양의 물체를 비행 중 목격했다. 그런데 이 조종사의 이야기를 들은 신문들은 비행 물체의 모양을 둥근 '접시' 모양이라고 제멋대로 바꿨다. 워싱턴주의 지역 신문들은 "경비행기 조종사가 매우 빠른 속도의 접시 모양 비행 물체를 발견했다"라고 보도했다. 이 때 '비행접시'라는 단어가 처음 등장했다.

그리고 이 같은 기사가 나간 후부터 사람들에게 정체를 알 수 없는 비행체가 자주 목격됐는데 모두 둥근 접시 모양이었다. 1947년의 미국은 '비행접시의 해'였다고 해도 과언이 아닐 만큼 온통 비행접시 목격담과 관련 기사들이 쏟아져 나왔다.

하지만 사람들이 목격했다는 비행접시는 대부분이 거짓으로 판명됐고, 일부는 정체를 알 수 없다는 결론을 내렸을 뿐 외계인의 우주선이라는 증거와 발표는 전혀 없었다. 이렇다 보니 이제 사람들 사이에서 비행접시는 이전과 같은 관심이 대상이 아니었고, 상당수 사람은 이에 대해 싫증을 냈다. 그러자 이상하게도 비행접시 목격담도 크게 줄었다.

그러나 1947년에 목격됐다는 여러 비행접시 중 하나는 지금까지 회자하고 있다. 바로 그해 7월 8일 미국 뉴멕시코주 로스웰의 한 목장에 추락한 비행접시다. 현재도 '로스웰 비행접시 사건'이라고 불리는 이 유명한 음모론은 외계인·UFO 추종자들에게는 신앙과 같이 자리 잡고 있다. 당시 로스웰 주민들 사이에서는 추락한 비행접시에서 외계인 시체가 발견돼 미 군 당국이 이를 네바다주 비밀 군사기지인 51구역으로 옮겼다는 소문이 떠돌았다. 그리고 이 소문은 순식간이 미국 전역으로 퍼져 나가 미국인들 사이에서는 로스웰 비행접시 사건을 모르는 사람이 없을 정도였다. 미

군 당국은 이 물체가 기상관측 장비라고 발표했지만 음모론을 믿는 사람들에게는 받아들여질 리 없었다. 사람들은 "외계인 사체를 수거한 정부가 이를 속이고 있다"라고 주장했다.

그러다 로스웰 비행접시 사건은 사람들의 기억과 관심에서 서서히 멀어져 갔다. 그런데 이 음모론이 다시 세간의 관심을 모은 건 31년 뒤인 1978년이다. 당시 미국의 한 잡지는 남는 지면을 채우기 위해 31년 전의 로스웰 기사를 약간 내용만 바꿔 다시 실었다. 30년이 지난 기사가 예상 외로 인기를 얻자 미디어들은 주기적으로 우려먹기를 시작했다. 1979년에는 한 TV 방송사가 로스웰 사건과 관련한 다큐멘터리를 만들었는데, 이 방송이 히트하자 다른 방송사들도 앞다퉈 로스웰 사건을 재조명했다. 또 '로스웰의 UFO 추락' 등 관련 서적들도 쏟아져 나왔다.

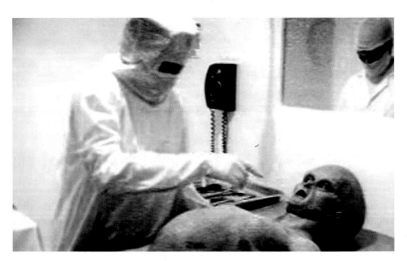

1995년 영국의 음악 프로듀서 레이 산틸리가 공개한 외계인 사체 해부 영상 장면.
이 영상은 조작으로 밝혀졌다./사진 출처=유튜브 화면 캡처

로스웰 사건의 재탕 삼탕은 계속됐는데 그러다 1995년 영국의 음악 프로듀서인 레이 산틸리가 "미국의 종군기자를 통해 극비리에 로스웰의 외계인 해부 장면을 입수했다"라며 영상을 공개해 세계를 충격에 빠뜨렸다.

흥미로운 사실 하나는 로스웰 사건에 대한 방송과 기사들이 홍수처럼 쏟아질 때 정작 로스웰 주민들은 사건의 진위 여부에는 큰 관심을 보이지 않았다는 것이다. 이미 로스웰에는 'UFO 박물관'과 'UFO 연구소'가 세워졌고, 많은 관광객이 그곳을 방문하면서 로스웰은 엄청난 수익을 올리고 있었다. 현재도 로스웰의 UFO 박물관은 지역 경제에 큰 역할을 하고 있다. 매년 7월 초에는 로스웰에서 UFO 축제도 열린다.

그래픽 출처=픽사베이

1990년대로 들어서면서 비행접시에 대한 경쟁도 심해졌다. 이전에는 비행접시를 목격만 해도 관심을 끌었지만 이제는 비행접시에 납치되거나 탑승 정도는 해야 사람들이 주목했기 때문이다.

이에 1990년대부터 "비행접시에 납치돼 생체 실험을 당했다", "지구를 방문한 외계인이 비행접시로 초청해 그곳에서 그들과 이야기를 나누고 비행접시 내부를 구경했다" 등의 경험담들이 여기저기서 나왔다.

죠지 에덤스키라는 사람은 "금성에서 온 외계인과 지속적으로 접촉해 왔다"면서 "금성인의 허락을 받고 비행접시를 촬영했다"라며 사진을 공개하기도 했다. 그런데 그의 이야기와 공개 사진은 진위를 확인할 수 없어 조작이라는 의심을 받기도 했다.

영국의 레이 산틸리가 공개한 외계인 사체 해부 영상도 조작된 것임이 나중에는 밝혀졌다. 한 영화 특수 분장 전문가는 "영상 속 외계인 사체는 내가 만든 모형으로 이 영상은 조작된 사기극이다"라고 폭로했다. 또 UFO 납치돼 생체 실험을 당했다는 주장들도 대부분 꿈을 착각한 것으로 드러났다.

그러나 UFO·외계인 추종자들에게 이런 반증은 먹혀들지 않는다. 그들은 100가지 과학적 증거보다는 1~2가지 목격담과 경험담을 더 받아들이기 때문이다. 최근에도 UFO 목격담은 꾸준히 세계 각 나라에서 나오고 있지만 믿을 만한 증거는 없다. 대부분 빛이나 구름, 새, 인공위성, 비행기 등에 의한 착시 현상이거나 조작이 많다. 특히 포토샵과 같은 프로그램을 일반인도 능숙하게 사용할 수 있는 지금 UFO 사진 조작은 매우 쉬워졌다.

지금까지 나온 UFO와 관련된 목격담이나 사진·영상 등을 보면 UFO와 외계인의 지구 방문(UFO=외계인)을 연관 짓기에는 과학적 증거도 부족하고 신빙성이 가지 않는다.

그렇다고 모든 UFO 사진이나 영상이 조작이라고 말할 수는 없다. 일부 사진과 영상은 조작이 아닌 실제 촬영된 것이라는 전문가들의 의견도 있기 때문이다. 그러나 이런 사진과 영상의 정체를 아직까지 알 수 없으니 미확인 비행 물체와 외계인을 연관 짓기에는 섣부르다는 것이다. UFO가 외계인의 지구 방문 증거라는 것은 과학적 근거가 부족하지만 여전히 'UFO=외계인'을 연관 지으려는 사람들은 많다.

외계 생명체와 UFO의 연관성 얼마나 있나?

여전히 외계인·UFO를 추종하는 사람들에게 UFO는 외계인의 지구 방문 증거로 채택되고 있다.

천문학계 등 과학계에서는 외계 생명체가 지구 외 다른 행성이나 위성에도 존재할 것이라는 가설에는 이견이 없다. 이에 나사를 세계의 우주과학 연구 기관들은 외계 생명체를 찾고 있지만 쉽게 우리 눈에 띄지 않고 있다. 과학계가 찾는 외계 생명체 가운데 특히 주목하는 게 지적 외계 생명체이다. 과학계의 대표적인 지적 외계 생명체(외계인) 찾기 노력은 '세티 프로젝트'이다.

'지적 외계 생명체 탐사 계획'인 이 프로젝트는 지구와 비슷하거나 그 이상의 문명을 가진 외계인도 전파를 사용할 것이라는 전제하에 전파망원경으로 우주에서 오는 전파를 분석해 그중에서 인위적인 전파를 찾아내는 것이다. 이 프로젝트는 외계인과 '만남'이 아닌 '교신'이 1차 목표다. UFO는 외계인이 타고 온 우주선이라고 생각하는 사람들이 기대하는 프로젝트와는 거리가 멀다.

우리가 실제 외계인과 만나기 위해서는 그들이 우리를 찾아와야 한다. 현재 우리 인류의 과학기술이 다른 행성을 찾아갈 만큼의 수준에 도달하지 못했기 때문이다.

그렇다면 지구에서 목격되는 UFO가 외계인이 타고 온 우주선일 가능성은 얼마나 될까? 이에 대해 과학계에서는 그 확률을 거의 제로(0)에 가깝다고 보고 있다.

일단 우리 태양계의 행성 중에서 지적 능력을 갖춘 생명체는 없는 것으로 과학계는 보고 있다. 나사 등 우주과학 기관들이 화성이나 목성의 위성 등에서 찾으려 하는 생명체도 고등 생물이 아니다. 따라서 외계인이 온다면 태양계 밖에서 올 텐데 지구와 거리가 너무 멀기 때문에 지구를 쉽게 찾아올 수도 없다. 지구가 속한 우리은하의 크기는 10만 광년이고 태양과 같은 항성(별)이 2,000억~4,000억 개 있다. 각 항성이 거느리는 행성은 무수히 많다. 또 우리은하와 같은 은하계는 우주에 널리고 널려 있을 정도다.

우리 태양계에서 가장 가까운 다른 태양계(항성계)는 '프록시마 센타우리'인데 이곳은 지구에서 4.2광년 떨어져 있다. 빛의 속도로 4년 2개월을 가야 하는 거리인 만큼 정말 멀리 있다. 가장 빠른 우주탐사선인 '뉴호라이즌'호로 간다고 해도 프록시마 센타우리까지는 6만 8,000년이 걸린다.

비행속도가 가장 빠른 우주탐사선 뉴호라이즌 호/사진 출처=나사

프록시마 센타우리 주변에 있는 행성·위성에 지적 외계 생명체가 살고 있다는 것도 확실치 않다. 따라서 더 먼 곳 항성계의 행성이나 위성에 외계인이 있을 수 있다.

우리보다 과학기술이 월등히 발전한 외계인이라면 지구까지 오는 데 몇만 년씩 걸리지는 않을 수 있다. 그런데 지구는 우리은하 변방에 있는 아주 작은 행성에 불과하다. 우리은하 관점에서나 우주적 관점에서 보면 주목할 만한 행성은 아니라는 것이다.

아무리 과학기술이 발달한 외계인이더라도 수 광년~수백 광년 거리를 이동하는 데는 많은 비용과 위험이 뒤따를 텐데 이런 작은 변방의 행성에 방문객이 북적거리지는 않을 것이다. 그러나 지구에 찾아올 나름대로 이유가 있다면 떳떳하게 알리고 오지 않겠는가. "우리는 ○○행성에서 왔는데 지구와 교류를 하고 싶다" 등이라고 밝히면서 자신들의 존재를 드러낼 것이다. 혹시 지구에 오는데 있어 비밀리에 와야 할 이유가 있을지도 모른다. 하지만 지구까지 찾아온 외계인이라면 우리 상상 이상으로 엄청난 과학기술을 가지고 있을 것인데, 이런 외계인이 어설프게 지구인들에게 들켜 수시로 사진에 찍히고 들판에 추락할지 의문이다.

UFO 목격담과 관련 사진·영상은 너무 많은데, 정작 수시로 하늘을 보고 관찰하는 천문학자들과 우주과학 마니아들에게는 목격된 미확인 비행 물체는 많지 않다. 앞서 언급했듯 그동안 공개된 UFO 사진·영상은 대부분 구름이나 새 등 자연현상을 착각하거나 인공위성, 비행기 등 사람이 만든 비행체를 오인하는 경우가 많았고, 또 의도적으로 조작한 게 대부분이다. UFO에 의한 납치 역시 꿈을 현실로 착각했거나 거짓 증언이 상당수다.

과학의 발전 속도가 그 어느 때보다 빠른 지금 외계 생명체를 찾고 우주와 인류의 기원을 알아간다는 것은 흥미로운 일이고 또 인류의 과제 중 하나다. 중요한 것은 UFO는 외계인의 지구 방문 증거라는 과학적 근거 없는 허황된 정보를 믿지 않고 과학에서 답을 찾아가는 게 외계 생명체, 미확인 비행 물체를 탐구하기 위한 올바른 자세라고 본다.

태양계를 스쳐 갔던 미스터리한 '이것'의 정체는?

지난 2017년 천문학자들을 비롯한 과학자들의 비상한 관심을 모으는 일이 있었다. 그해 9월 6일 지구에서 25광년 떨어진 베가성 방향에서 날아온 한 물체가 우리 태양계로 들어왔다. 이 물체는 태양 중력의 도움으로 금성과 지구 궤도를 통과하고 다시 태양계 밖으로 날아갔다. 이때 하와이의 할레아칼라산 정상에 있는 천문대의 천체망원경이 이 물체를 관측했다.

이 물체가 발견됐을 때 천문학자들은 혜성이나 소행성일 것이라고 여겼다. 그리고 이 물체의 궤적, 속도 등을 자세히 분석해 보니 태양계 밖에서 날아온 것이었다. 지금까지 태양계 밖에서 온 물체를 지구에서 관측한 것은 처음이었다. 이 물체는 인류가 최초로 발견한 태양계 밖에서 온 손님이었던 것이다. 처음으로 태양계 밖에서 날아온 이 손님에게 과학계는 '오우무아무아(Oumuamua)'

라는 이름을 붙였다. 오우무아무아는 하와이 원주민 언어로 '먼 곳에서 찾아온 메신저'라는 뜻이다.

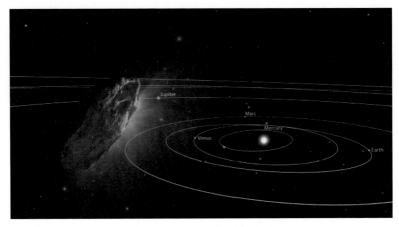

오우무아무아의 상상도/사진 출처=나사

인류가 처음 발견한 성간(별과 별 사이)물질인 오우무아무아의 등장에 과학계는 흥분했다. 그리고 전 세계 천문학자들이 앞다퉈 이 물체를 관찰했는데, 오우무아무아는 이미 지구에서 3,000만 km 떨어진 곳에 위치해 있었다. 빠르게 태양계 밖을 향하고 있는 오우무아무아를 지구에서 관측할 수 있는 시간은 11일. 당장 오우무아무아를 뒤쫓아 갈 수 있는 탐사선을 보낼 수 없었기에 이 11일은 과학자들이 데이터를 얻을 수 있는 기간 전부였다.

그런데 오우무아무아는 그동안 지구를 찾아왔던 소행성이나 혜성과는 달랐다. 궤도, 크기, 비행 속도 등 모든 게 이전에 왔던 물체와는 차이를 보였다. 그동안 관측된 혜성과 소행성의 모양은 대부분 동그란 구의 모양에 가까웠다. 그러나 오우무아무아는 길쭉한 모습이었다. 또 태양 주변을 지날 때 다른 물체들과는 달리 태양열 반사에 의한 방출되는 열이 오우무아무아에서는 감지되지 않았다. 이를 통해 이 물체는 기존에 지구를 찾아왔던 다른 물체들보다 크기가 작다는 것도 알았다.

그런데 특이한 점은 오우무아무아는 작은 크기임에도 다른 혜성이나 소행성보다 더 반짝이게 빛났다. 당시 오우무아무아를 관측했던 천문학자들은 오우무아무아가 우주에서 흔히 볼 수 있는 얼음이나 돌덩어리가 아닌 금속과 같이 빛(태양 빛)을 반사하고 있었다고 전한다.

오우무아무아의 궤도 역시 평범하지 않았다. 과학자들은 지구로 오는 혜성·소행성·운석 등에 대해 비행 궤도를 예측(계산)할 수 있다. 그래서 지구를 주기적으로 방문하는 핼리혜성도 76년 만에 우리를 찾아온다는 것을 알고 있다. 그러나 오우무아무아의 궤도는 예측이 불가능했다. 오우무아무아는 다른 물체들처럼 태양과 주변 행성(수성, 금성, 지구 등)들의 중력에 의해 비행하는 게 아니라 중력 외 추가적인 힘이 있어야 날 수 있는 궤도를 그렸다.

이뿐만 아니라 오우무아무아는 다른 우주의 물질에서 발견되는 가스, 물(수증기) 등도 주변에서 발견되지 않았다. 이런 이유들 때문에 오우무아무아의 정체는 더욱 미궁으로 빠졌다.

이때 미국 하버드대학교의 천문학자인 에이브러햄 로브 교수는 "오우무아무아는 소행성이나 혜성처럼 자연적으로 만들어진 물체가 아닌 인위적인 물체, 즉 외계 문명이 보낸 탐사선일 수 있다"
라는 의견을 내놨다. 하버드대 천문학과의 학과장이자 천문학계
의 권위자 중 1명으로 꼽히는 로브 교수는 "우리의 기존 지식으로
설명하지 못하는 게 있다면, 사고의 영역을 과감히 넓혀야 한다"
면서 "오우무아무아가 외계의 지적 생명체가 만든 물체라면 그동
안 보여줬던 특이성들이 모두 설명된다"라며 오우무아무아의 외
계 문명 물체설에 힘을 실었다.

이와 관련해 로브 교수는 2018년 11월 12일 우주물리학 저널
회보에 오우무아무아의 특이성을 설명하는 논문을 실으면서 외계
문명이 보낸 물체일 수 있다는 내용도 포함시켰다.

그리고 로브 교수의 주장은 전혀 무시당하지 않고 일부 과학자
들은 동의했다. 생각해 보면 이 넓은 우주에 우리만 존재하지는
않을 것이라는 게 과학계의 중론인데, 외계의 지적 생명체가 보낸
탐사선들은 우주에 많이 떠돌아다닐 것이다.

우리 지구에서도 그동안 많은 탐사선을 우주로 보냈고, 그 가운
데 △ 뉴 호라이즌호 △ 보이저 1호 △ 보이저 2호 △ 파이어니어
10호 △ 파이어니어 11호는 이미 성간우주를 향해 가고 있다. 이
탐사선들은 우주를 떠돌아 언젠가는 지구 외 다른 문명에게 발견
될 수 있다.

오우무아무아가 우주를 떠돌던 돌맹이나 얼음덩이인지 아니면
정말 외계의 지적 생명체가 만들어 보낸 물체인지는 이제 확인할

수 없다. 오우무아무아가 우리를 스쳐 간 지 수년이 지났지만 지금도 과학계에서는 이 물체에 대한 갑론을박이 이어지고 있다. 그러나 인류가 관측한 최초의 성간물질이라는 점과 자연적으로 만들어진 게 아닐 수 있다는 점은 우주의 시각을 넓히고 있는 우리에게 의미 있는 발견과 논쟁이다.

· ·

제8부

인류의 기원과 우주에서 지구 문명의 수준은?

인류의 기원은 정말 외계일까? … '범종설' 주장 학자들

'지구상의 생명체는 어떻게 생겨났을까?', '우리 인류는 언제 어떻게 시작됐을까?' 이런 질문은 인류가 풀고 싶어 하는 오랜 과제이고, 과학자들은 그 해답을 찾기 위해 오늘도 연구에 매진하고 있다. 우리 인류는 정말 신이 창조했을까? 아니면 우연한 계기로 탄생한 생명체가 지속적인 진화를 거쳐 인간이 됐을까?

과학계에서는 인간을 포함한 지구상의 모든 생명체는 공통 조상이 있을 것이라고 한다. 그 공통 조상은 바다에서 처음 생겨난 어류, 즉 물고기이며 끊임없이 진화해 각각의 환경에 맞춰 양서류와 파충류, 포유류 등으로 진화했다고 한다. 물론 이는 가설이며 아직 정확한 답은 알 수 없다.

　과학계에서 지구의 생명체 탄생에 대해 여러 가설이 있지만 특이한 주장도 있다. 바로 인류를 포함한 지구의 생명체는 외계에서 유입됐다는 설이다. 사람과 원숭이, 개, 호랑이, 새, 돌고래 등 모든 생명체의 공통 조상은 지구가 아닌 외계에서 왔다는 것이다. 이를 '범종설(panspermia)' 또는 '포자설'이라고 한다. 언뜻 들으면 범종설은 공상과학 영화·만화의 소재로나 쓰일 법한 내용이지만, 과학계에서 무시되지 않는 연구 대상 중 하나다.

　범종설은 씨앗이 파종되듯 지구 생명체의 공통 조상이 우주에서 지구로 뿌려졌다는 게 이 이론의 핵심이다. 탄소나 단백질 등 생명의 기본 구성 요소 또는 초기 생명(유기화합물이나 미생물) 형태가 혜성이나 소행성 등에 실려 지구로 떨어졌을 것이라고 보는 가설이다. 범종설을 처음 주장했던 사람은 기원전 5세기경 활동했던 고대 그리스 철학자 아낙사고라스다. 그는 "우주에는 아주 작은 생명을 구성할 수 있는 씨앗이 무수히 있다"며 "그것들이 조합되어 생명이 태어난다"라고 주장했다.

　이후 정통 과학계에서도 범종설을 정립했다. 스웨덴의 화학자로 1903년 노벨화학상을 받은 스반테 아레니우스는 "약 40억 년 전쯤에 우주에 떠돌던 미생물이 있었을 것이다. 그 미생물은 어느 날 지구에 우연히 떨어져 지구 생명체의 기원이 됐을 것이다"라고 발표했다.

스반테 아레니우스에 이어 범종설을 주장한 과학자가 있는데 이 학자는 한발 더 나아가 지구 생명체는 고등 문명을 가진 외계의 지적 생명체에 의해 생겨났다는 가설을 내놓기도 했다.

이 학자는 국내는 물론 외국의 중·고등학교 교과서에도 나올 정도로 나름 유명한 인물이다. 바로 영국의 분자생물학자인 프랜시스 크릭이다. 크릭이라는 이름은 중·고등학교 교과서에도 나온다. 그는 제임스 왓슨과 함께 DNA 이중나선 구조를 발견하고 이를 발표해 1962년 노벨 생리의학상을 받았다.

크릭의 외계 고등 생명체에 의한 지구 생명체 탄생 이론을 '정향 범종설'이라고 한다. 크릭은 노벨상 수상 11년 뒤인 1973년 "40억 년 전쯤 지구가 아닌 다른 천체의 고등 생명체가 의도적으로 미생물을 무인 우주선에 실어 지구로 보냈고, 그 미생물이 지구 생명체의 기원, 즉 공통 조상이다"라고 주장했다.

DNA 이중나선 구조를 밝혀낸 제임스 왓슨(왼쪽)과 프랜시스 크릭
/사진 출처=구글 캡처

크릭은 생육 가능한 미생물이 우주에서 오랜 시간을 여행하고
도 복사에너지에 손상되지 않은 채 지구에 도착하기 어렵다는 점
에서 그 미생물들이 우주선에 실려 왔을 것이라고 분석했다. 이와
관련해 지난 2012년 개봉한 미국 영화 〈프로메테우스〉가 이 정
향 범종설을 차용한 작품이다.

크릭의 정향 범종설은 당시 과학계에서 논란을 일으켰다. 노벨
상까지 수상한 학자가 확인되지도 않은 외계 고등 문명을 내세우
며 생명 탄생설을 주장했으니 과학계에서는 "크릭의 주장은 과학
적이지 못하고 소설에 불과하다"라며 정향 범종설을 무시했다.

과학계의 비판에 대해 크릭은 "만약 이 우주에 생명체가 지구에만 있다면 지구 생명체는 지구 내부에서 시작된 게 맞다. 하지만 이 우주에는 셀 수 없이 많은 별과 행성, 은하가 있다"면서 "따라서 지구 외 어딘가에는 생명체가 존재하는 천체들이 있고, 그중 아주 똑똑하고 문명이 고도로 발달한 생명체도 있을 것인데 생명체 존재가 가능한 지구를 그냥 지나칠 리 없을 것이다"라는 추측을 내놨다.

앞서 살펴봤던 스반테 아레니우스와 프랜시스 크릭의 범종설과는 달리 지구의 생명체 중 인간만 외계에서 왔다는 주장을 펼치는 미국의 학자가 있다. 지난 2013년에는 미국의 한 과학자가 "지구의 생명체 중 인간은 지구에서 진화한 생명체가 아닌 외계에서 왔다"라는 주장을 내놓기도 했다.

생태과학자인 엘리스 실버 박사는 《인간은 지구에서 나오지 않았다(Humans are not from Earth)》라는 책을 통해 이 같은 가설을 내놨는데, 인간은 지구상의 다른 생명체와 함께 진화한 존재가 아니라는 것이다. 그의 주장대로라면 인류의 고향은 지구가 아닌 외계 천체라는 것인데, 실버 박사는 그 근거로 생태학적 이론에 의한 여러 가지를 내세웠다.

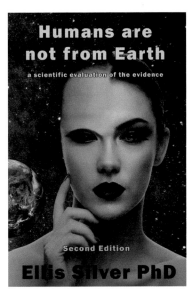

엘리스 실버 박사의 책 《인간은 지구에서 나오지 않았다(Humans are not from Earth)》
표지/사진 출처=구글 캡처

실버 박사는 "인간이 지구상에서 가장 높은 수준으로 발달된 종이지만 놀랍게도 지구 환경에 적응하지 못하고 있다"며 "특히 햇볕에 매우 취약하고 자연 생성 음식을 싫어하며, 만성 질병에 우스울 정도로 많이 노출돼 있다는 점이 외계에서 왔다는 증거다"라고 주장했다.

그는 또 "원숭이나 사자 같은 다른 척추동물들과는 달리 인간은 만성적으로 척추·경추 관련 병으로 고생한다"며 "이는 인간이 지구보다 중력이 약한 외계 천체에서 왔기 때문이다"라고 분석했다. 아이의 머리가 커 임산부들이 출산할 때 고생하는 것도 지구 환경에 적응을 못 했기 때문이라는 게 실버 박사의 이론이다.

그는 "인간은 지구에 살면서 이상할 정도로 태양에 약하게 디자인되어 있는데, 동물들 가운데 인간만 태양을 똑바로 쳐다보지 못한다. 또 인간은 1~2주일 이상 선탠을 할 수 없고, 거의 매일 햇빛 노출 문제로 스트레스를 겪는다"면서 "인간이 항상 질병에 시달리는 것도 지구 중력이 인간에게 맞지 않고, 특히 우리 생체시계가 지구의 24시간 시스템에 맞춰져 있지 않기 때문이다"라고 추정했다. 실제로 수면 과학 연구에 따르면 인간의 최적 생체시계는 25시간이라고 한다.

실버 박사의 주장에 동의하는 일부 학자들은 인간은 스스로 비타민C를 합성하지 못하는 것도 외계에서 온 생명체설의 근거로 제시한다. 대부분의 동물은 체내에서 스스로 비타민C를 만들어 내는데 사람과 원숭이 등 영장류, 기니피그는 음식이나 영양제 등을 통해 외부에서 비타민C를 섭취해야 한다.

지금까지 알아본 범종설의 이론은 그럴싸한 것도 있지만, 아직까지 입증되거나 그를 뒷받침하는 현상·데이터가 없어 과학계에서도 의견이 분분했다.

그러다 최근 범종설의 일부가 입증되기도 했다. 바로 몇 년 전 일본 도쿄대학교의 약학·생명과학 교수인 야마기시 아키히코 박사가 이끄는 연구팀의 실험이었다.

연구팀은 방사선 내성을 가진 박테리아가 '집락(colony)'을 이뤄 우주 극한 환경에서 수년을 버틸 수 있어 수개월에서 수년이 걸릴 수 있는 지구-화성 간 우주 여행이 충분히 가능하다는 연구 결과를 개방형 정보 열람 학술지 〈미생물학 프런티어스(Frontiers in Microbiology)〉에 2020년 발표했다. 야마기시 박사 연구팀은 앞서 2018년 비행기와 과학 실험용 열기구 등을 이용해 지구 12㎞ 상공에서 데이노코쿠스(Deinococcus) 박테리아가 떠다니는 것을 확인했다.

연구팀은 이를 토대로 1mm 이상 집락을 쉽게 형성하고 자외선 복사 등과 같은 위험한 환경을 견뎌낼 수 있는 방사선 내성을 가진 데이노코쿠스 박테리아가 범종설을 입증할 만큼 긴 시간 동안 우주의 극한 환경을 견딜 수 있는지 실험했다. 그 결과 연구팀은 0.5mm 이상의 집락에서는 모두 3년간 우주 환경에 노출된 뒤에도 일부가 생존한 것으로 확인했다.

데이노코쿠스 박테리아 노출 실험이 이뤄진 국제우주정거장(ISS) 일본 실험 모듈 외부
/사진 출처=일본우주항공연구개발기구

지금까지 범종설에 대해 알아봤는데 이 가설이 아직 과학적 입증이 완벽히 되지 않았지만 흥미로운 것은 사실이다. 그러나 과학계는 흥미를 벗어나 범종설을 무시하지 않고 이에 대한 연구를 꾸준히 하고 있다. 이와 관련해 최근 범종설을 뒷받침할 수 있는 연구가 미국 항공우주국(NASA·나사)에서 진행 중이다.

소행성 '베누(Bennu)'의 흙과 자갈 등의 샘플을 채취한 나사의 소행성 탐사선 '오시리스-렉스(OSIRIS-REx)' 캡슐이 2023년 9월 24일 오전 10시 53분께(미국 동부 기준) 지구에 귀환했다. 이 캡슐의 귀환은 2016년 9월 케이프 커내버럴 우주센터에서 오시리스-렉스 탐사선에 실려 발사된 지 7년 만이다.

과학자들은 태양계 생성 초기의 물질들이 포함된 소행성 샘플을 분석하면 베누와 같이 탄소가 풍부한 소행성이 지구에 생명체가 출현하는 데 어떤 역할을 했는지에 대한 단서를 찾을 수 있을 것으로 기대하고 있다. 이 샘플 분석이 과연 범종설을 어느 정도 입증할 수 있을 것인지 과학계의 이목이 집중되어 있다. 과학자들은 태양계 초기에 행성들을 이루고 남은 베누 같은 암석형 소행성들이 초기 지구에 충돌하면서 탄소가 들어 있어 생명체 구성 요소가 될 수 있는 유기물질을 지구에 전달했을 것으로 추정한다.

이처럼 과학자들은 지구 생명의 탄생 비밀을 밝히기 위해 노력하는데, 앞서 살펴본 바와 같이 범종설도 입증이 될지 관심이 모아지고 있다.

나사의 소행성 탐사선 '오시리스-렉스' 샘플 캡슐이 미국 유타주 사막에 낙하해 있다.
/사진 출처=나사

지구 문명은 우주에서 어느 수준일까?

끝없이 드넓은 이 우주에는 셀 수 없는 많은 별과 행성, 또 위성이 있다. 과학자들은 이 우주에 지구에만 생명체가 있을 것이라고는 생각하지 않는다. 지구 이외에도 많은 천체에 생명체가 있을 것이라고 보고 있다. 그중에서 우리 지구처럼 문명을 이룬 곳도 많을 것이라는 게 과학계의 중론이다.

아직 우리가 문명을 이룬 외계 생명체를 만나지는 못해 그들에 대한 궁금증은 계속 커지는데, 이 우주에 우리 외 문명은 어느 정도 발전해 있는지 계산할 수 있을까? 또 우리 지구의 문명 수준은 이 우주에서 어느 정도일까? 외계 생명체에 대한 궁금증을 가져 본 사람들이라면 지구의 문명 수준에 대해서도 생각해 봤을 것이다.

1964년 러시아(구소련)의 천문학자 니콜라이 카르다쇼프도 이런 궁금증을 연구했고, 이에 대한 계산법을 고안했다. 이를 '카르다쇼프 척도'라고 하는데, 과학계에서는 매우 명쾌한 해답이라고 평가한다. 이 척도에 따르면, 우리 인류의 문명 단계는 '0.75' 정도이다. 카르다쇼프 척도는 문명의 수준을 에너지 사용량에 따라 구분한 '우주 문명의 척도'로 외계에서 날아온 전파 신호를 분석하다 카르다쇼프가 고안한 것이다.

오랜 옛날 인류는 자신의 몸, 근육에서 나오는 에너지만을 사용했다. 또 소와 말, 개 등과 같은 가축을 길들이고 기르기 시작하고부터는 더 많은 에너지를 사용하게 됐고, 증기 기관과 같은 장치를 개발한 뒤부터는 수백 배, 수천 배의 에너지를 쓰게 됐다. 그리고 현재 우리는 가축과 증기 기관뿐 아니라 수력, 풍력, 심지어 원자력까지 이용하면서 과거에는 상상도 할 수 없을 정도의 에너지를 다루고 있다.

이처럼 문명은 발전할수록 많은 에너지를 사용하게 된다. 문명이 에너지를 사용하는 정도에 따라 그 문명의 수준을 가늠하는 게 바로 '카르다쇼프 척도'이다.

이 척도가 고안된 초기에는 단순히 '유형 1', '유형 2', '유형 3' 세 단계로 나눠졌지만, 1973년 미국의 천재 천문학자 칼 세이건이 카르다쇼프 척도를 세분화하는 것을 연구하면서 소수점까지 계산하게 됐다. 그 결과 우리 지구의 문명은 아직 유형 1에도 도달하지 못한 0.75 상태로 미개한 수준으로 평가된다.

유형 1은 모성의 에너지를 모두 사용할 수 있는 수준이다. 우리의 경우는 지구의 에너지를 모두 자유롭게 다루는 것이다. 지구에는 석탄, 석유와 같은 에너지들이 있다.

지구의 에너지를 모두 활용할 수 있게 되면 기후를 통제해 홍수나 태풍과 같은 자연재해를 없앨 수 있고, 해상도시나 해저도시 건설도 가능하다. 유형 1에 도달하면 현재보다 500배가량 많은 에너지를 쓸 수 있는데, 전문가들은 우리 인류가 유형 1에 이르기까지는 앞으로 100~200년가량 걸릴 것으로 예상하고 있다.

유형 1에 도달한 문명은 더 많은 에너지를 갈구하는데 모성 에너지는 한계가 있다. 그래서 주변의 에너지를 활용하는데 모성 외에서 가장 쉽게 에너지를 얻을 수 있는 방법은 항성, 즉 태양 에너지다. 태양은 핵융합 반응을 통해 엄청난 에너지를 내뿜고 있다.

태양 에너지를 100% 활용하는 단계가 유형 2이다. 이 단계에 이른 문명은 모성 주변의 행성과 위성을 테라포밍(모성, 즉 지구처럼 만드는 것)하고 그 행성과 위성의 에너지까지 활용할 수 있다.

유형 2 문명은 광속에 가까운 속도로 우주를 누비고 문명의 무대를 모성 외 다른 천체로 확장할 수 있으며, 우주전쟁까지 벌일 수 있다. 영화 〈스타워즈〉, 〈스타트랙〉에 나오는 문명들이 1~2단계 정도이다. 유형 2단계는 엄청난 기술력과 시간이 필요해 우리 인류가 이 단계까지 가려면 1,000~3,000년 정도가 소요될 것으로 과학자들은 보고 있다.

붉게 물든 태양의 모습. 현재 우리 인류는 태양 에너지 이용에 박차를 가하고 있다.
/사진 출처=픽사베이

　유형 3은 안드로메다은하나 우리은하처럼 수천억 개의 항성이 모여 있는 은하 전체의 에너지를 사용할 수 있는 단계다. 이 단계의 문명은 우리 상상을 뛰어넘는 신과 같은 능력을 지닌 문명일 것이다. 우리 인류가 우리은하를 완전히 정복해 은하 내 모든 에너지를 사용할 수 있다면 바로 유형 3단계에 이른 것이다. 우리은하에는 우리 태양계의 태양보다 더 큰 질량을 가진 별(항성)과 더 많은 에너지를 가진 블랙홀 등이 수 없이 존재한다.

　유형 3에 도달한 문명은 이미 초자연적 존재가 되어 행성을 이용할 뿐만 아니라 새로운 행성을 창조하고 또 지적 생명체까지 만들어 낼 수 있다. 또 중력의 법칙을 뛰어넘고 시·공간 자체를 마음대로 다룰 수 있을 정도로 우리 상상 이상을 뛰어넘는 문명이다. 그런데 이 유형은 기존 1·2단계와는 비교할 수 없을 정도의 난이도가 요구되기 때문에 인류가 유형 3단계에 도달하기 위해서는 최소 10만 년에서 100만 년이 걸릴 것으로 전문가들은 예상하고 있다.

지금까지 알아본 카르다쇼프 척도 유형 3단계까지만 해도 엄청 난 문명이죠. 그런데 카르다쇼프 척도 발표 이후 다른 과학자들이 이를 더 연구해 문명의 단계를 추가했다.

지구 그리고 우주의 문명 발전은 어디까지 가능할까?

니콜라이 카르다쇼프가 고안한 '카르다쇼프 척도'는 원래 3단 계(유형 3)까지였지만 미국의 물리학자인 미치오 카쿠 박사가 그 이상의 문명을 제안했다.

일본계 미국인인 카쿠 박사가 3단계 이상의 문명에 대한 이론 을 고안한 것은 한 어린 학생에 의해서이다. 카쿠 박사가 영국 런 던의 천문대에서 강연을 한 적이 있었는데 당시 그는 카르다쇼프 척도 3단계까지 설명을 했다.

강연이 끝난 후 한 어린 남학생이 카쿠 박사를 찾아와 "4단계 문명도 있어야 하지 않을까요?"라고 말했다. 이에 카쿠 박사는 학 생에게 "우주에는 행성과 별, 은하가 있으며 모든 환경은 이것들 로부터 만들어진다"라고 설명했다. 그런데 이 학생은 "'연속체'의 에너지를 이용하는 문명이 있을 수 있다"며 자신의 생각을 강하 게 주장했다. 이에 카쿠 박사가 곰곰이 생각해 보니 우주에는 암 흑 에너지도 있으니 그 학생의 말이 맞을 수 있다고 생각했다.

이후 카쿠 박사는 4단계(유형 4)부터 6단계(유형 6)까지 고안했는 데 앞서 살펴본 3단계도 어마어마한 수준인데 그 이상은 어떨까?

카쿠 박사가 확장한 우주의 문명 4단계는 다중 우주가 존재한다는 가정 아래 우주 한 개의 에너지를 모두 사용하는 문명이다. 이 단계에서부터는 에너지 단위가 무의미하다. 다중 우주론은 현재 우리가 살고 있는 우주 외에 또 다른 우주가 존재한다는 이론이다.

5단계는 여러 다중 우주의 에너지를 사용하는 문명이다. 다른 우주를 옆 동네 가듯 드나들며 그 엄청난 에너지를 다루는 수준으로 우주 몇 개를 식민지화 할 수 있는 문명이다. 인류가 만약 이런 5단계에 이른다면 우주의 종말이 와도 다른 우주로 옮겨가 불멸을 누릴 수 있다.

6단계는 모든 다중 우주의 에너지를 사용하는 수준이다. 이는 다중 우주를 모두 지배하는 것으로 신의 경지라고 보면 된다. 6단계에 이르면 현재 우주의 물리 법칙을 넘어 그 법칙을 변형하거나 아예 새로운 법칙까지 만들어 낼 수 있는 수준으로 우주의 인과율까지 바꿀 수 있다. 인과율이란 '원인은 시간적으로 결과보다 앞선다'는 뜻이다. 유리컵에 충격을 가하는 것은 원인이고 그 유리컵에 깨지는 게 결과라는 것이다.

카쿠 박사가 제안한 문명은 '오메가 문명'이라고도 말하는데, 아직 우리로서는 상상도 할 수 없는 수준이다. 그런데 그가 내세운 4~6단계는 카르다쇼프 척도를 설명할 때 포함시키지 않는 경우도 많다. 4단계부터는 그 존재가 불확실한 다중 우주를 대상으로 하기 때문에 논의하는 것 자체가 의미가 없기 때문이다.

그동안 몰랐던
별의별 우주 이야기

한번 읽고 우주 지식 자랑하기

2024년 10월 18일	1판	1쇄	인	쇄
2024년 10월 28일	1판	1쇄	발	행

지 은 이 : 김 　　　 정 　　　 욱

펴 낸 이 : 박 　　　 정 　　　 태

펴 낸 곳 : **주식회사 광문각출판미디어**

10881
파주시 파주출판문화도시 광인사길 161
광문각 B/D 3층
등　　　록 : 2022. 9. 2 제2022-000102호
전 화(代): 031-955-8787
팩　　　스 : 031-955-3730
E - m a i l : kwangmk7@hanmail.net
홈페이지 : www.kwangmoonkag.co.kr

ISBN : 979-11-93205-39-6 　　　 03440

값 : 16,000원